精细化工技术系列

工业催化剂制造与应用

张云良　李玉龙　编
冷士良　主审

化学工业出版社

·北京·

内容提要

本书主要针对化工类高职高专学生，全面介绍了催化剂的基本概念、催化作用的基本理论、工业催化剂的主要制造方法和应用技术，对常用工业催化剂进行了分类介绍，对新型催化剂的研究进展情况以及在工业中的应用情况也作了相应的介绍。重点突出了工业生产中广泛应用的多相固体催化剂的制造方法和使用技术以及在氧化、加氢、脱氢、芳烃转化、石油炼制、化肥生产、环境保护、聚合反应等相关领域的具体应用，列举了一系列在实际应用中具有代表性的典型实例。

本书既可作为精细化工专业的专业教材，亦可作为其他化工类专业的选修教材，还可作为化工行业工程技术人员的参考书。

图书在版编目（CIP）数据

工业催化剂制造与应用/张云良，李玉龙编. —北京：化学工业出版社，2008.6（2024.9 重印）
精细化工技术系列
ISBN 978-7-122-03035-1

Ⅰ. 工… Ⅱ. ①张…②李… Ⅲ. ①工业-催化剂-生产工艺-高等学校：技术学院-教材 ②工业-催化剂-应用-高等学校：技术学院-教材 Ⅳ. TQ426

中国版本图书馆 CIP 数据核字（2008）第 076660 号

责任编辑：张双进 窦 臻 提 岩　　　　　文字编辑：糜家铃
责任校对：徐贞珍　　　　　　　　　　　　装帧设计：王晓宇

出版发行：化学工业出版社（北京市东城区青年湖南街 13 号　邮政编码 100011）
印　　装：北京虎彩文化传播有限公司
787mm×1092mm　1/16　印张 8½　字数 208 千字　2024 年 9 月北京第 1 版第 12 次印刷

购书咨询：010-64518888　　　　　　售后服务：010-64518899
网　　址：http://www.cip.com.cn
凡购买本书，如有缺损质量问题，本社销售中心负责调换。

定　　价：30.00 元

前　言

本教材是在全国化工高职教学指导委员会精细化工专业委员会的指导下，根据教育部有关高职高专教材建设的文件精神，以高职高专精细化工专业学生的培养目标为依据编写的。教材在编写过程中征求了来自企业专家的意见，具有较强的实用性。

精细化工是当今化学工业中最具活力的新兴领域之一，是新材料的重要组成部分。精细化工产品种类多、附加值高、用途广、产业关联度大，直接服务于国民经济的诸多行业和高新技术产业的各个领域。近年来，中国的精细化工发展迅猛，精细化率逐年上升，对于面向精细化工各行业生产、服务、建设和管理一线工作的技术应用型高技能人才的需求也日益增长。

催化剂是典型的精细化学品，它具有产量小、品种多、附加价值率和利润率大、技术密集度高等典型精细化学品的特点。目前，90%的化工生产过程都使用催化剂。因此，把催化剂列为精细化工专业的一个重要的专业方向，以培养相关的精细化工专业的技术应用型人才，是符合客观实际和市场需求的。

按照高职高专技术应用型人才培养的要求，本书在编写过程中注重贯彻"理论教学以应用为目的，以必需、够用为度，以掌握概念、强化应用、培养技能为重点"的原则，着重突出能力的培养，注重生产实际，注重理论与实践的紧密结合。

本书共分六章，依次为工业催化剂概述、催化剂基础、工业催化剂制造方法、工业催化剂的使用技术、常用工业催化剂、新型催化剂的研究与应用。第一章、第五章、第六章由李玉龙编写，第二章、第三章、第四章由张云良编写。全书由冷士良主审。

本教材既可作为精细化工专业的专业教材，亦可作为其他化工类专业的选修教材，还可作为化工行业工程技术人员的参考书；既可作为化工类高职高专教材，也可作为化工类其他层次学生的教材。

由于编者水平有限，编写时间仓促，不妥之处在所难免，敬请读者批评指正。

编　者
2008 年 4 月

目 录

第一章 工业催化剂概述 …………… 1
第一节 工业催化剂的发展简史 …… 1
第二节 催化剂的定义、分类和命名 … 2
一、催化剂的定义 …………… 2
二、催化剂的分类 …………… 3
三、催化剂的命名 …………… 5
第三节 催化剂在化工生产中的地位和
作用 …………………… 7
第四节 催化剂工业的发展概况和发展
方向 ………………… 11
一、催化剂工业的发展概况 … 11
二、催化剂工业的发展方向 … 13
思考题 ………………… 14
第二章 催化剂基础 ………………… 15
第一节 催化剂若干术语和基本概念 … 15
一、催化剂的基本特征 ……… 15
二、催化剂的相关术语 ……… 15
第二节 催化剂的化学组成和物理结构 … 18
一、多相固体催化剂 ………… 18
二、均相配合物催化剂 ……… 21
三、生物催化剂（酶）……… 23
第三节 催化剂的宏观物理性质 …… 23
一、粒度、粒径及粒径分布 … 24
二、比表面积 ………………… 24
三、比孔容积、孔径及孔径分布 … 24
四、机械强度 ………………… 25
五、抗毒稳定性 ……………… 25
六、密度 ……………………… 26
第四节 催化剂催化作用基本原理 … 27
一、催化机理 ………………… 27
二、催化活性与活化能 ……… 28
第五节 催化剂载体 ………………… 29
一、载体的分类 ……………… 29
二、载体的作用 ……………… 30

三、几种常用的催化剂载体 ……… 30
思考题 ………………… 33
第三章 工业催化剂制造方法 ……… 34
第一节 沉淀法 ……………………… 34
一、沉淀法分类 ……………… 35
二、沉淀操作原理和技术要点 … 37
第二节 浸渍法 ……………………… 43
一、浸渍法基本原理及特点 … 43
二、浸渍法分类 ……………… 44
第三节 混合法 ……………………… 46
一、固体磷酸催化剂的制备 … 46
二、转化吸收型锌锰系脱硫剂的制备 … 46
第四节 热熔融法 …………………… 47
一、合成氨熔铁催化剂的制备 … 47
二、骨架镍催化剂的制备 …… 47
三、粉体骨架钴催化剂的制备 … 48
四、骨架铜催化剂的制备 …… 48
第五节 离子交换法 ………………… 48
第六节 催化剂的成型 ……………… 49
一、成型与成型工艺概述 …… 49
二、几种重要的成型方法 …… 52
第七节 典型工业催化剂制备实例 … 56
一、B112高温变换催化剂的制备 … 56
二、硫酸生产用钒催化剂的制备 … 59
第八节 固体催化剂制备方法的新进展 … 62
一、纳米材料与催化剂 ……… 62
二、凝胶法与微乳化技术 …… 62
三、气相淀积法 ……………… 63
思考题 ………………… 64
第四章 工业催化剂使用技术 ……… 65
第一节 催化剂的运输与装卸 ……… 65
第二节 催化剂的活化与钝化 ……… 67
第三节 催化剂的中毒与失活 ……… 69
第四节 催化剂的积炭与烧炭 ……… 70

第五节　催化剂活性衰退的防治 …………… 72

第六节　催化剂的寿命与判废 ……………… 73

思考题 ………………………………………… 73

第五章　常用工业催化剂 ………………… 74

第一节　催化氧化催化剂 …………………… 74

　一、概述 …………………………………… 74

　二、邻二甲苯气相催化氧化制苯酐 ……… 74

第二节　加氢催化剂 ………………………… 78

　一、概述 …………………………………… 78

　二、加氢催化剂制备实例 ………………… 80

第三节　脱氢催化剂 ………………………… 81

　一、概述 …………………………………… 81

　二、异丁烷催化脱氢制异丁烯 …………… 82

第四节　芳烃转化催化剂 …………………… 83

　一、甲苯歧化与烷基转移制二甲苯和苯 … 83

　二、二甲苯临氢异构化 …………………… 84

第五节　石油炼制催化剂 …………………… 85

　一、概述 …………………………………… 85

　二、催化裂化催化剂 ……………………… 87

第六节　化肥工业催化剂 …………………… 88

　一、概述 …………………………………… 88

　二、原料净化催化剂 ……………………… 88

　三、烃类蒸汽转化催化剂 ………………… 90

　四、甲烷化催化剂 ………………………… 91

　五、CO 变换催化剂 ……………………… 92

　六、氨合成催化剂 ………………………… 93

第七节　环境保护催化剂 …………………… 94

　一、概述 …………………………………… 94

　二、工业有机废气净化催化剂 …………… 95

　三、发电厂烟道气处理催化剂 …………… 95

　四、汽车尾气净化催化剂 ………………… 97

第八节　聚合反应催化剂 …………………… 99

　一、概述 …………………………………… 99

　二、聚乙烯催化剂 ………………………… 100

　三、聚丙烯催化剂 ………………………… 101

思考题 ………………………………………… 102

第六章　新型催化剂的研究与应用 ……… 103

第一节　茂金属催化剂 ……………………… 103

　一、茂金属催化剂的结构与类型 ………… 103

　二、茂金属催化剂的特点 ………………… 104

　三、茂金属催化剂的应用 ………………… 105

　四、茂金属催化聚合的新材料的结构

　　　特征 …………………………………… 105

第二节　后过渡金属非茂催化剂 …………… 106

　一、Ni(Ⅱ) 和 Pd(Ⅱ) 及其后过渡金属

　　　催化剂的结构与活化反应 …………… 106

　二、后过渡金属催化的聚合反应 ………… 107

　三、后过渡金属催化剂的特点 …………… 107

第三节　均相配合物催化剂 ………………… 107

　一、甲醇羰基化及其催化剂 ……………… 108

　二、烯烃氢甲酰化及其催化剂 …………… 109

　三、不对称加氢——Monsanto L-多巴

　　　过程及其催化剂 ……………………… 110

　四、SHOP 法乙烯低聚及其催化剂 ……… 111

第四节　非晶态合金催化剂 ………………… 112

　一、非晶态合金的特性 …………………… 112

　二、非晶态合金催化剂的制备 …………… 113

　三、镍基非晶态合金加氢催化剂与磁

　　　稳定床反应器的研究开发 …………… 114

第五节　超细颗粒催化剂 …………………… 115

　一、超细颗粒的特性 ……………………… 115

　二、超细颗粒的化学性质 ………………… 116

　三、超细颗粒的制备 ……………………… 117

　四、超细颗粒催化剂 ……………………… 119

第六节　膜催化剂 …………………………… 121

　一、膜催化剂的特点和分类 ……………… 121

　二、膜催化剂的制备 ……………………… 122

　三、膜催化反应和膜反应器 ……………… 125

思考题 ………………………………………… 126

参考文献 …………………………………… 127

第一章　工业催化剂概述

【学习目标】　了解催化剂的发展历史、发展现状和发展趋势，明确催化剂在化工生产中的地位和作用，掌握催化剂的定义、分类和命名。

第一节　工业催化剂的发展简史

人类最早利用酶作催化剂进行酿酒和制醋，距今已有几千年的历史了。但催化剂真正实现工业化生产及应用仅仅只有上百年。工业催化剂的发展历史大致可以分为以下四个阶段。

20 世纪之前，工业催化剂一直处于"萌芽阶段"。1746 年，在制造硫酸时，用 NO_2 作气相催化剂促使 SO_2 氧化成 SO_3，实现了第一个现代工业催化过程。1832 年，用铂作 SO_2 转化成 SO_3 的多相催化剂，并实现了工业化。1857 年以 $CaCl_2$ 作催化剂使 HCl 氧化成氯，这是工业催化的一个重要里程碑。此外，科学家们还发现了一些特定的催化剂，例如，使淀粉催化水解的无机酸催化剂，使乙醇脱水的黏土催化剂，使乙烯加氢的铂黑催化剂，以及使烃类缩合的 $AlCl_3$ 催化剂。这一阶段，催化剂在化学工业生产中尚未起到重要作用。

进入 20 世纪后，工业催化剂才有了真正的发展。1900～1935 年，是工业催化剂的"起步阶段"。1902～1903 年，实现了用镍催化剂使脂肪加氢制硬化油的工业化生产，还发现镍催化剂可使乙醛还原为甲醇。1905 年，发现金属锇、铀及碳化铀对氨合成具有较高的活性，但锇易挥发而失活，铀则易被含氧化合物中毒。此后于 1909 年发现了铁催化剂，并于几年后在德国巴斯夫（BASF）公司建厂，用于合成氨生产。1912 年，开发出与制氨相关的水煤气变换催化剂——铁铬催化剂，并一直沿用至今。1913 年，用 CoO 催化剂可使 CO 与氢合成烃类，但十年后才工业化。第一次世界大战期间（1914～1918 年），德国因缺乏铂而又急需硝铵炸药，于是开发出铁铋催化剂代替铂作氨氧化催化剂，曾在巴斯夫公司的工厂建造 50 座氧化炉。1916 年，开发出甲苯氧化制苯甲酸所用的 $V_2O_5 \cdot MoO_3$ 催化剂，而在 1920 年，发现用相同的催化剂可使苯氧化成马来酸酐。1921 年，研制出用 Ni、Ag、Cu、Fe 等催化剂可使 CO 与氢合成甲醇，而在 1923 年，巴斯夫公司采用 $ZnO \cdot CrO_3$ 催化剂高压合成甲醇，并投入生产。1927 年，以 $Fe_2O_3 \cdot MoS_2$ 作催化剂，可使煤高压加氢生产液烃。1930 年，用 NiO/Al_2O_3 作催化剂进行蒸汽转化制合成气。1931 年，开发出由乙炔制乙醛的羰基镍催化剂。1934 年，在德国鲁尔化学公司建成了用 Al_2O_3 负载 CoO 或 NiO 羰基合成制油的第一家工厂。1935 年，实现了用磷酸为催化剂使苯烷基化成甲苯和二甲苯。可以说，这一阶段发现的重要工业催化剂在数量上已超过 20 世纪之前所知催化剂的总和，并为下一发展阶段奠定了基础。

1936～1980 年是工业催化剂的"发展阶段"。1936 年，开发出第一代活性白土裂化催化剂。1937 年，开发出低密度聚乙烯的 $CrO_3/SiO_2 \cdot Al_2O_3$ 催化剂。1942 年又开发出了第二代合成硅酸铝催化剂，且活性有了很大的提高。1953～1954 年，研制出 $TiCl_4 \cdot Al(C_2H_5)_3$ 高密度聚乙烯用催化剂，并于 1958 年工业化。1955 年，美国科学设计公司开始启用苯固定床氧化制顺酐的 $V_2O_5 \cdot MoO_3$ 催化剂。1962 年，美孚（Mobil）石油公司推出性能更佳的 X 型分子筛催化剂与 Y 型分子筛催化剂，使汽油产率提高 7%～10%。1963 年，研制出乙烯气相氧化制醋酸乙烯的硅胶载钯与金催化剂。1965 年，成功开发出乙烯氧氯化制氯乙烯及丙烯氨氧化制丙烯腈的催化剂，前者用 $CuCl_2$ 为催化剂，后者是 SiO_2 载 $PMo_{12}Bi_{19}O_{52}$。1967 年，开发出铂铼双金属重整催化剂。1968 年，巴斯夫公司成功开发出邻二甲苯气相氧化制苯酐的 $V_2O_5 \cdot TiO_2$ 催化剂。20 世纪 70 年代，开发出以黏结剂和天然白土代替合成硅铝胶为载体的 Y 型分子筛催化剂，使轻质油产率增加 3%。

这一阶段是环保催化剂的创始时期，人们意识到环境污染的严重性，首先开发出排烟脱硫脱硝催化剂、硝酸尾气中 NO_x 选择性与非选择性还原催化剂、内燃机排气及焚烧炉排气处理催化剂，1970 年开发出汽车尾气处理的贵金属催化剂。

1980 年以后，工业催化剂步入了"成熟阶段"。目前 90% 的化工过程都使用催化剂，催化剂也由使用厂商自行开发制造转向由专业公司承担，对催化剂性能要求更高。这一阶段，炼油和化工工艺日趋完善，催化剂工业应用并无重大新发现，但催化剂基础研究和工业催化剂性能却有很大提高，并提出催化剂设计的新概念，运用现有催化剂理论来预测合适的工业催化剂新配方。超强固体酸、择形催化剂、石墨灰层化合物、合成层状硅酸盐、碳化物、氮化物、硼化物、钙钛型结构氧化物和白钨矿型结构氧化物等催化新材料大量涌现，扩展了选择催化剂的范围，现代物理及化学测试手段也帮助人们进一步了解了催化剂组分、控制因素及催化反应的实质，依靠理论指导新催化剂的开发。工业催化剂已成为精细化学品中的一个新的门类。

第二节　催化剂的定义、分类和命名

一、催化剂的定义

1811 年，俄国的 G. S. C. Kirchhof 从科学的意义上最先发现了催化作用：热的淀粉水溶液中添加盐酸等无机酸时促进淀粉水解的同时，生成糖，但无机酸并未发生变化。

1817 年，英国的 H. Davy 发现：铂丝可以促使空气与煤气、酒精等可燃气体发生燃烧反应，在生成水和二氧化碳的同时，放出大量的热而使铂丝产生白炽化现象。

1835 年，瑞典化学家 J. J. Berzelius 认为："一些单体和化合物、可溶性物质和不溶性物质，都显示出一种性质，就是与其他物质的化学亲和力有显著差异的作用。这种物质可使物质分解成单质，还可使元素重新组合，但该物质本身不发生变化。这一至今鲜为人知的新力与有机物和无机物具有的性质有共同性。这个力与电化学能全然不同，我们把它取名为催化力（catalytic force）。参照分析（analysis）一词，把这一力的作用引起的物质变化的现象称为催化作用（catalysis）。""对由于某些物质的存在而能改变化学反应速率的现象定义为催化作用，称这种物质叫催化剂（catalyst）。其来源于希腊文 'kata' 和 'lyo'，'kata' 意即'完全地'，'lyo' 意即'解放'，催化作用就是催化剂使反应物键解放，从而大大地改变反应速率。"这是最早的定义。

1894 年，德国化学家 F. W. Ostwald 提出催化剂的定义为：任何物质，它不参加到化学反应的最终产物中去，而只是改变这一反应的速率就称为催化剂。

1903 年，法国化学家 P. Sabatier 发现了以镍为催化剂，把氢气通入液态油脂制取硬化油的方法，用这种方法可从鱼油等原料中制取人造奶油。由于这一项用催化剂进行有机化合物加氢的研究，他荣获了诺贝尔化学奖（1912 年）。他在 1913 年写的《有机化学与催化剂》一书中，作为"催化剂的定义"写到："氢和氧的混合气于室温下放置时很稳定，但如果加入少许铂黑（铂粉是黑色的），则立即发生爆炸性的反应，并生成水。但反应前后铂黑没有任何变化，可反复使用。如上所述，催化剂引起化学反应或加速化学反应，但本身不发生变化。"

化工辞典对催化剂解释为"一类能够改变化学反应速率而本身不进入最终产物分子组成中的物质。催化剂不能改变热力学平衡，只能影响反应过程达到平衡的速度。加速反应速率的催化剂称正催化剂，减慢者称负催化剂"。

所谓工业催化剂，则是特指具有工业生产实际意义的催化剂，它们必须能适用于大规模工业生产过程，可在工厂生产所控制的压力、温度、反应物流体速度、接触时间和原料中含有一定杂质的实际操作条件下长期运转。工业催化剂必须具有能满足工业生产所要求的活性、选择性和耐热波动、耐毒物的稳定性。此外工业催化剂还必须具有能满足反应器所要求的外形与颗粒度大小的阻力、耐磨蚀性、抗冲击强度和抗压碎强度。对强放热反应或吸热反应用催化剂还要求具有良好的导热性能与热容，以减少催化剂颗粒内的温度梯度与催化剂床层的轴向与径向温差，防止催化剂过热失活。对某些因中毒或炭沉积而部分失活或选择性下降的催化剂可用简单方法得以再生，恢复到原有活性及选择性水平，以保证催化剂具有相当长的使用寿命。

二、催化剂的分类

目前工业上应用的各种催化剂，已达约 2000 余种之多，品种牌号还在不断增加。为了研究、生产和使用的方便，常常从不同角度对催化剂分类。

1. 按催化反应体系的物相均一性分类

（1）多相催化剂　多相催化剂是指反应过程中与反应物分子分散于不同相中的催化剂。它与反应物之间存在相界面，相应的催化反应称为多相催化反应，包括气-液相催化反应、气-固相催化反应、液-固相催化反应和气-液-固相催化反应。多相催化剂通常为多相固体催化剂。本书后面所介绍的工业催化剂的制备及应用，主要是指多相固体催化剂的制备及应用。

（2）均相催化剂　均相催化剂是指反应过程中与反应物分子分散于同一相中的催化剂。相应的催化反应称为均相催化反应，包括气相均相催化反应和液相均相催化反应。例如：

$$SO_2 + \frac{1}{2}O_2 \xrightarrow{NO} SO_3（反应物与催化剂均为气态）$$

$$C_2H_5OH + CH_3COOH \xrightarrow{H_2SO_4} CH_3COOC_2H_5（反应物与催化剂完全互溶）$$

近年来，均相催化剂通常专指均相配位化合物（简称配合物）催化剂，即为可溶性的有机金属化合物，通过中心金属原子周围的配位体（离子或中性分子）与反应物分子的交换，使得至少有一种反应物分子进入配位状态而被活化，从而促进反应的进行。例如，由甲醇经羰基化反应制醋酸，催化剂是以 Rh 为中心原子的配位化合物，它催化了一个插入反应：

$$CH_3OH + CO \xrightarrow{RhCl(CO)[P(C_6H_5)_3]_2 + CH_3I} CH_3COOH$$

均相催化反应和多相催化反应的划分并不是绝对的。比如反应物先被吸附在催化剂表面形成活性中间体，然后再脱附到气相或液相中继续进行反应，整个反应同时具有多相和均相的特征，故称为多相均相催化反应。

（3）酶催化剂　酶是胶体大小的蛋白质分子，其催化反应具有均相催化反应和多相催化反应的特点，或者说酶催化是介于均相催化和多相催化之间的。例如，淀粉酶使淀粉水解成糊精时，淀粉酶均匀分散在水溶液中（均相），但反应却是从淀粉在淀粉酶表面上的积聚

（多相）开始的。

酶催化具有应用广、活性高、选择性好、反应条件温和等特点。通常酶催化反应的速率比对应的非酶催化过程快 $10^9 \sim 10^{12}$ 倍，比如过氧化氢酶分解 H_2O_2 比任何一种无机催化剂快 10^9 倍。

2. 按催化剂的作用机理分类

主要从反应物分子被活化的起因来划分，分为以下三类：

（1）酸-碱型催化剂　催化作用的起因是由于反应物分子与催化剂之间发生了电子对转移，出现化学键的异裂，形成了高活性中间体（如碳正离子或碳负离子），从而促进反应的进行。该类催化剂常为酸或碱，包括路易斯酸或路易斯碱。如：

$$CH_3CH{=}CH_2 + H^+ （酸催化剂）\longrightarrow CH_3\overset{+}{C}H{-}CH_3$$

$$CH_3CHO + OH^- （碱催化剂）\longrightarrow CH_2CHO + H_2O$$

（2）氧化-还原型催化剂　催化作用的起因是由于反应物分子与催化剂之间发生了单个电子转移，出现化学键的均裂，形成了高活性中间体（如自由基），从而促进反应的进行。该类催化剂常为过渡金属及其化合物。如：

$$Ca^{3+} + R{-}H \longrightarrow Ca^{2+} + R \cdot + H^+$$

$$—M—M—（金属）+ H_2 \longrightarrow \overset{\overset{H}{|}}{—M}\overset{\overset{H}{|}}{—M}—$$

（3）配合型催化剂　催化作用的起因是由于反应物分子与催化剂之间发生了配位作用而使前者活化，从而促进反应的进行。

3. 按催化剂的元素及化合态分类

（1）金属催化剂　多为过渡元素，如用于催化加氢的 Fe、Ni、Pt、Pd 等催化剂。

（2）氧化物或硫化物催化剂　如用于催化氧化的 V-O、Mo-O、Cu-O 等催化剂，用于催化脱氢的 Cr-O 等催化剂，用于催化加氢的 Mo-S、Ni-S、W-S 等催化剂。

（3）酸、碱、盐催化剂　如 H_2SO_4、HCl、HF、H_3PO_4、KOH、NaOH，$CuSO_4$、$NiSO_4$ 等。

（4）金属有机化合物　多为配合催化机理反应中的催化剂，如用于烯烃聚合的 $Al(C_2H_5)_3$，用于羰基合成的 $Co_2(CO)_8$ 等催化剂。

4. 按催化剂的来源分类

（1）非生物催化剂

a. 天然矿物　如黏土经破碎、酸处理除去某些金属离子后，即可获得具有硅-氧-铝骨架的固体酸催化剂，用于催化裂化。

b. 合成产物　如将水玻璃与铝盐混合得到凝胶，经洗涤、老化、干燥和造型，即可获得微球状的硅-铝催化剂，其催化裂化性能比天然黏土催化剂好得多。绝大多数的工业催化剂均为合成产物。

（2）生物催化剂　如生物体自身合成的酶。

5. 按催化单元反应分类

按照所催化的单元反应的类型不同，可分为氧化催化剂、加氢催化剂、脱氢催化剂、聚合催化剂等多种类型。

6. 按工业类型分类

（1）中国催化剂分类

a. 石油炼制催化剂 包括催化裂化、催化重整、加氢裂化、加氢精制、烷基化、异构化等催化剂。

b. 无机化工（化肥工业）催化剂 包括脱硫、转化、变换、甲烷化、硫酸制造、硝酸制造、硫回收、氨分解等催化剂。

c. 有机化工（石油化工）催化剂 包括加氢、脱氢、氧化、氧氯化、烯烃反应等催化剂。

d. 环境保护催化剂 包括硝酸尾气处理、内燃机排气处理等催化剂。

e. 其他催化剂 包括制氮、纯化（脱微量氧、脱微量氢）等催化剂。

（2）美国催化剂分类

a. 石油炼制催化剂 包括催化裂化、催化重整、加氢裂化、加氢精制、烷基化等催化剂。

b. 化学加工催化剂 包括聚合、烷基化、加氢、脱氢、氧化、合成气等催化剂。

c. 污染控制催化剂 包括汽车尾气处理、工业排放气净化等催化剂。

（3）日本催化剂分类

a. 石油炼制催化剂 包括催化裂化、催化重整、加氢裂化、加氢精制、脱硫醇等催化剂。

b. 重油脱硫催化剂 包括直接加氢脱硫、间接加氢脱硫等催化剂。

c. 石油化工催化剂 包括加氢、选择加氢、脱氢、氯化、脱卤、烷基化、脱烷基化、氧化、异构化、丙烯氨氧化、甲醇合成等催化剂。

d. 高分子聚合催化剂 包括加聚、缩聚等催化剂。

e. 气体制造催化剂 包括城市煤气制造、烃类蒸气转化、CO变换、甲烷化等催化剂。

f. 油脂加氢催化剂 包括硬脂油加氢、高级醇加氢等催化剂。

g. 医药食品催化剂 包括含氧化合物、含氮化合物的加氢等催化剂。

h. 环境保护催化剂 包括汽车尾气净化、其他工业环保等催化剂。

i. 无机化学品及保护气制造催化剂 包括氨合成、制硫酸、制硝酸、保护气制造等催化剂。

三、催化剂的命名

1. 一般命名法

对于单组元催化剂，通常指只含有一种金属元素的催化剂。其命名方法为：活性组分名称（剂型）＋"催化剂"，如钨（丝）催化剂、铁（粉）催化剂。

对于多组元催化剂，通常指含有两种以上金属元素的催化剂。其命名方法为：多种活性组分名称＋载体名称＋"催化剂"，如镍铬氧化铝催化剂。

该类命名法虽常被引用，但有时并不准确。如有机硫化物氢解催化剂——钼酸钴，通常为分散在载体上的氧化钼和氧化钴的混合物，而反应过程中实际的活性组分却是钼和钴的硫化物。

2. 标准命名法

（1）国内炼油催化剂的标准命名

命名方法：牌号＋类别名称＋固定名称。

牌号——根据各类催化剂制定标准的时间先后顺序来确定。

类别名称——根据工艺特点分为催化重整、催化裂化、加氢精制、加氢裂化和叠合五种类别。

固定名称——"催化剂"。

【**例**】 1号重整催化剂、2号重整催化剂、3号重整催化剂。

(2) 国内化肥催化剂的标准命名

命名方法：类别代号＋特性代号＋序列代号＋基本名称。

类别代号——国内化肥催化剂产品共分为10类，每一类以首字汉语拼音第一字母大写表示类别代号，具体为脱毒（T）、转化（Z）、变换（B）、甲烷化（J）、氨（A）、醇（C）、酸（S）、氮（D）、氧化（Y）和其他（Q）。

特性代号——对同一大类产品的不同特性加以区别，如脱毒类催化剂按其特性分为活性炭脱硫剂（T1）、加氢转化脱硫剂（T2）等。

序列代号——按产品命名的先后顺序确定。

基本名称——沿用习惯名称，如活性炭脱硫剂、氨合成催化剂、硫酸生产用钒催化剂。

国内化肥催化剂产品类别、代号和基本名称如表1-1所示。

表 1-1　国内化肥催化剂产品类别、代号和基本名称

类 别 名 称	类别代号	特性代号	基 本 名 称
脱毒（脱除气体中的微量毒物）	T	T1	活性炭脱硫剂
		T2	加氢转化脱硫催化剂
		T3	氧化锌脱硫剂
		T4	脱氯剂
		T5	转化吸附脱硫剂
		T6	脱氧剂
		T7	脱砷剂
转化（烃类蒸气转化制氢）	Z	Z1	天然气一段转化催化剂
		Z2	天然气二段转化催化剂
		Z3	炼厂气转化催化剂
		Z4	轻油转化催化剂
		Z5	重油转化催化剂
变换（CO 转化成 CO_2）	B	B1	中温变换催化剂
		B2	低温变换催化剂
甲烷化（CO、CO_2 甲烷化）	J	J1	甲烷化催化剂
		J2	煤气甲烷化催化剂
氨（氨合成）	A	A1	氨合成催化剂
		A2	低温氨合成催化剂
醇（甲醇的合成）	C	C1	高压甲醇催化剂
		C2	联醇催化剂
		C3	低压甲醇催化剂
		C4	中压甲醇催化剂
		C5	燃料甲醇催化剂
		C6	低碳醇催化剂
		C7	高碳醇催化剂
酸（硫酸、硝酸的生产）	S	S1	硫酸生产用钒催化剂
		S2	硝酸生产用铂网催化剂
		S3	硝酸生产用钴催化剂
氮（制氮）	D	D1	一段制氮催化剂
		D2	二段制氮催化剂
		D3	硝酸尾气净化催化剂
氧化（CO 选择性氧化）	Y	Y	一氧化碳选择性氧化催化剂
其他	Q	Q	

另外，对于某些催化剂的命名要求更为具体，需要进行"复杂命名"。"复杂命名"的方法为：类别代号＋（被引进号）＋特性代号＋序列代号＋形代号＋还原＋基本名称。

被引进号——指利用国外引进的生产线生产的产品，被引进号以被引进国家公司名称的第一个大写字母表示。

形代号——催化剂产品的外形代号，如常用的"球形"用"Q"表示，"环形"用"H"表示；而非常用的齿轮形、梅花形等，通称为"异形"，用"Y"表示。

还原——指预还原催化剂产品，用"－H"表示。

【例】 辽河化肥厂引进丹麦托普索公司的 PK 型甲烷化催化剂生产线，该催化剂产品命名为：J（T）103 型甲烷化催化剂。又如 B（T）203Q—H 型低温变换催化剂。

（3）国外催化剂产品的命名 国外催化剂生产企业对各自产品的型号命名具有一定的规律。大部分公司常常根据催化剂的性能，将每个单词的词首字母联合起来再加上阿拉伯数字为序列号进行命名。

如催化剂"HC-11"，HC 为 Hydrogen Crack（加氢裂化）的缩写，11 为序列号，该种催化剂的组成为 5％Pd-Mg/HY 分子筛（80％）＋Pd/Al$_2$O$_3$（20％）片剂。催化剂"HC-18"，组成与"HC-11"相同，只是制备方法不同，但性能更好。

由于制造厂商众多，为避免混淆，有些公司常在自己产品前冠以本公司名称的缩写。如催化剂"AERO HDS-2"是 American Cyanamide Co. 的石脑油加氢脱硫催化剂。

第三节 催化剂在化工生产中的地位和作用

催化剂是影响化学反应的重要媒介物，是开发许多化工产品生产的关键。据新近统计，化学物质的种类正呈指数倍增加，现已达到一千万种左右，其中大部分是近 20 年发现和合成的。在现代化学工业和石油加工工业、食品工业及其他一些工业部门中，广泛地使用催化剂。新开发的产品中，采用催化剂的比例高于传统产品，有机产品生产中的比例高于无机产品。

目前世界生产催化剂的主要大型企业，大部分分布在欧美国家。无论就催化剂的产量和与其相关产出品的数量相比，还是就催化剂的产值和与其相关产出品的产值相比，催化剂所占的比例都很小，因此，工业催化剂是小产量而高附加值的特殊精细化学品。再者，许多重要的石油化工过程，不用催化剂时，其化学反应速率非常缓慢，或者根本无法进行。采用催化方法可以加速化学反应，广辟自然资源，促进技术革新，大幅度地降低产品成本，提高产品质量，并且合成用其他方法不能得到的产品。因此，催化剂在工业中对提高其间接经济效益的作用更大。

随着世界工业的发展，保护人类赖以生存的大气、水源和土壤，防止环境污染是一项刻不容缓的任务。这就要求尽快地改造引起环境污染的现有工艺，并研究无污染物排出的新工艺，以及大力开发有效治理废渣、废水和废气污染的过程和催化剂。在这方面，催化剂也越来越起着重要的作用，并且还将对人类社会的可持续发展做出重大的贡献。

总之，可以不夸张地说，没有催化剂就没有近代的化学工业，催化剂是化学工业的基石。通过下面的典型实例，可以看到催化剂对化学工业乃至整个国计民生的重要作用。

（1）合成氨及合成甲醇催化剂 合成氨工业是世界农业生产乃至整个人类物质文明的进步。氨是世界上最大的工业合成化学品之一，主要用作肥料——氮肥，中国是第一大氮肥生产国和消费国。

正是合成氨铁系催化剂的发现和使用，才实现了用工业的方法从空气中固定氮，进而廉价地制得了氨。此后各种催化剂的研究和发展与合成氨工艺过程的完善相辅相成。到今天，现代化大型氨厂中几乎所有工序都采用催化剂。

甲醇是最重要的基本有机化工产品之一，也是最简单的醇基燃料。合成甲醇是合成氨的"姊妹"工业，因为二者的原料和工艺流程都极为相似。合成甲醇同样也是一个需要多种催化剂的生产过程。而且，合成甲醇用的降低操作温度与压力的多种节能催化剂的开发，也层出不穷，数十年来一直不停地进行换代开发。目前，国内外采用甲醇催化剂，主要有 Cu-Zn-Al 催化剂（中低压法）和 Cu-Zn-Cr 催化剂（高压法）等。

（2）石油炼制及合成燃料工业催化剂　早期的石油炼制工业，从原油中分离出较轻的液态烃（汽油、煤油、柴油）和气态烃作为工业和交通的能源。早期主要用蒸馏等物理方法，以非化学、非催化过程为主。

近代的石油炼制工业，为了扩大轻馏分燃料的收率并提高油品的质量，普遍发展了催化裂化、烷基化、加氢精制、加氢脱硫等新工艺。在这些新工艺的开发中，无一没有新催化剂的成功开发。

第二次世界大战后，随着新兴的石油化学工业的发展，许多重要化工产品的原料由煤转向石油和天然气。乙烯、丙烯、丁二烯、乙炔、苯、甲苯、二甲苯和萘等是有机合成和三大合成材料（塑料、橡胶、纤维）的基础原料，过去这些原料主要来源于煤和农副产品，产量有限，现在则大量地来自石油和天然气。当以石油和天然气生产这些基础原料时，广泛采用的方法有石油烃的催化裂化和石油炼制过程中的催化重整。特别是流化床催化裂化工艺的开发，被称为是 20 世纪的一大工业革命。裂化催化剂是世界上应用最广、产量最多的催化剂。从石油烃非催化裂解可以得到乙烯、丙烯和部分丁二烯。催化重整的根本目的是从直链或支链石油馏分中制取苯、甲苯和二甲苯等芳烃。在上述这些生产过程中，裂解气选择加氢脱炔催化剂、催化重整催化剂的开发和不断进步，起着决定性的作用。

在经历了半个世纪左右高消耗量的开发使用后，作为石油炼制及化学工业原料支柱的石油资源，如今已日益枯竭。据有关资料估计，按世界各地区平均计算，石油大约还有 50 年左右的可开采期。而天然气和煤已探明的储量和可开采期，要大得多和长得多，加之，当前世界煤、石油、天然气的消费结构与资源结构间比例失衡，价廉而方便的石油消费过度，因此，在未来"石油以后"的时代里，如何获取新的产品取代石油，以生产未来人类所必须的能源和化工原料，已成为一系列重大而紧迫的研究课题，于是 C_1 化学应运而生。

C_1 化学主要研究含一个碳原子的化合物（如甲烷、甲醇、CO、CO_2、HCN 等）参与的化学反应。目前已可按 C_1 化学的路线，从煤和天然气出发，生产出新型的合成燃料，以及三烯（乙烯、丙烯、丁二烯）、三苯（苯、甲苯、二甲苯）等重要的起始化工原料。这些新工艺的开发，几乎毫无例外地需要首先解决催化剂这一关键问题。有关催化剂的开发，目前已有不同的进展。

新型的合成燃料，包括甲醇等醇基燃料、甲基叔丁基醚、二甲醚等醚基燃料以及合成汽油等烃基燃料。

由异丁烯与甲醇经催化反应而制得的甲基叔丁基醚是一种醚基燃料，兼作汽油的新型抗爆添加剂，取代污染空气的四乙基铅。由两分子甲醇催化脱水，或由合成气（CO+H_2）一步催化合成，均可得二甲醚。二甲醚的燃烧和液化性能均与目前大量使用的液化石油气相近。它不仅可以取代后者，用作石油化工的原料和燃料，而且可望取代汽油、柴油，作为污染少得多的"环境友好"型燃料。美国有专家认为，二甲醚是 21 世纪新型合成燃料中之首选品种。二甲醚再催化脱水还可制乙烯。

由天然气催化合成汽油已在新西兰成功实现工业化大生产，使这个贫油而富产天然气的国家实现了汽油的部分自给。

由甲醇经催化合成制乙烯、丙烯等低级烯烃，由甲烷催化氧化偶联制乙烯，都是目前正大力开发并有初步成果的新工艺。由乙烯、丙烯在催化剂的作用下，通过低聚等反应制取丁烯，进而制取丁二烯，以及其他更高级的烯烃。由低级烯烃等还可催化合成苯类化合物（如苯、甲苯、二甲苯）。

（3）基础无机化学工业用催化剂　以"三酸二碱"为核心的基础无机化工产品，品种不多，但产量巨大。硫酸是最基本的化工原料，曾被称为化学工业之母，它是一个国家化工强弱的重要标志。硝酸为"炸药工业之母"，有重大的工业和国防价值。

早期的硫酸生产，是以二氧化氮为催化剂，在铅室塔内氧化 SO_2 制取的。其设备庞大、硫酸浓度低。1918 年开发成功钒催化剂，其活性高、抗毒性好、价格低廉，使硫酸生产质量提高、产量增加、成本大幅度下降。

早期的硝酸生产，主要以智利硝石为原料，用浓硫酸分解硝石制取的。其生产能力小、成本高。之后发展的高温电弧法，使氮和氧直接化合为氮氧化物进而生产硝酸，但能耗大。1913 年，在铂-铑催化剂的存在下实现了氨的催化氧化，在此基础上奠定了硝酸的现代生产方法。

（4）基本有机合成工业用催化剂　基本有机化学工业，在化学上是基于低分子有机化合物的合成反应。有机物反应有反应速率慢及副产物多的普遍规律。在这类反应中，寻找高活性和高选择性的催化剂，往往成为其工业化的首要关键。故基本有机化学工业中催化反应的比例更高。在乙醇、环氧乙烷、环氧丙烷、丁醇、辛醇、1,4-丁二醇、醋酸、苯酐、苯酚、丙酮、顺丁烯二酸酐、甲醛、乙醛、环氧氯丙烷等生产中，无一不用到催化剂。在加工下游高分子化工产品和精细化工产品中，基本有机合成工业，是关键的基础原料。故在近半个世纪以来，增长很快。

（5）三大合成材料工业用催化剂　在合成树脂及塑料工业中，聚乙烯、聚丙烯等的生产以及高分子单体氯乙烯、苯乙烯、醋酸乙烯酯等的生产，都要使用多种催化剂。

1953 年，齐格勒-纳塔（Ziegler-Natta）型催化剂问世，这是化学工业中具有里程碑意义的伟大事件，由此给聚合物的生产带来一次历史性的飞跃。利用这种催化剂，首先使乙烯在接近常压下聚合成高分子量聚合物。而在过去，这个反应是要在 $100\sim300MPa$ 下才能聚合。继而又发展到丙烯的聚合，并成功地确立了"有规立构聚合体"的概念。在此基础上，关于聚丁二烯、聚异戊二烯等有规立构聚合物也相继被发现。于是，一个以聚烯烃为主体的合成材料的新时代便开始了。

到 20 世纪 90 年代前后，又出现了全新一代的茂金属催化剂等新型聚烯烃催化剂，如 Kaminsky-Sinn 催化剂等。新一代聚烯烃催化剂将具有更高的活性和选择性，能制备出质量更高、品种更多的全新聚合物，如高透明度、高纯度的间规聚丙烯；高熔点、高硬度的间规聚苯乙烯；分子量分布极均匀或"双峰分布"的聚烯烃；含有共聚的高支链烃单体或极性单体的聚烯烃；力学性能优异且更耐老化的聚烯烃弹性体等。总之，在新世纪开始后的不长时期内，以茂金属为代表的全新聚合催化剂，将把人类带进一个聚烯烃以及其他塑料的新时代，聚合物生产的第二次大飞跃已经到来。

在合成橡胶工业中，几个主要的品种如丁苯橡胶、顺丁橡胶、异戊橡胶和乙丙橡胶等的生产中都采用催化剂。

在合成纤维工业中，四大合成纤维品种的生产，无一不包含催化过程。涤纶（聚对苯二甲酸乙二醇酯）纤维的生产需要甲苯歧化、对二甲苯氧化、对苯二甲酸酯化、乙烯氧化制环氧乙烷、对苯二甲酸与乙二醇缩聚等多个过程，几乎每一步过程都有催化剂参与；在腈纶（聚丙烯腈）纤维的生产中，在丙烯氨氧化等多个过程中都使用到不同的催化剂；在维纶（聚乙烯醇）纤维生产中，无论是由乙炔合成或由乙烯合成醋酸乙烯酯，均系催化过程；特别是在聚酰胺纤维的生产中，还有可能用到苯加氢制环己烷和苯酚加氢制环己醇等所需的各种催化剂。

（6）精细化工及专用化学品中的催化　近 20 年来，精细及专用化学品工业发展很快。它们属技术密集、产量小而附加值高的化工产品。其中，专用化学品一般指专用性较强，能满足用户对产品性能要求、采用较高技术和中小型规模生产的高附加值化学品或合成材料（如某些功能高分子产品）；而精细化学品，一般指专用性不甚强的高附加值化学品。这两类化学品，有时难以严格区分。精细及专用化学品的用途，几乎遍及国民经济和国防建设各个部门，其中也包括整个石油化工部门本身。

由于多品种的特点，在精细及专用化学品生产中往往要涉及多种反应，如加氢、氧化、酯化、环化、重排等，且往往一种产品要涉及多步反应。因此，在这个工业部门中，催化剂使用量虽不大，但一种产品也许要涉及多个催化剂品种，有相当的普遍性。

精细化学品的化学结构一般比较复杂，产品纯度要求高、合成工序多、流程长。在实际生产工艺中多采用新的技术，以缩短工艺流程、提高效率、确保质量并节约能耗。目前，精细化学品的新技术主要是指催化技术、合成技术、分离提纯技术、测试技术等。这其中催化技术是开发精细化学品的首要关键。因此，重视精细化工发展就必须重视催化技术。

（7）催化剂在生物化学工业中的应用　与典型的化学工程不同，生物化学工程所研究的是以活体细胞为催化剂，或者是以由细胞提取的酶为催化剂的生物化学反应过程。生化工程是化学工程的一个分支。生物催化剂俗称酶，它是不同于化学催化剂的另一种类型。酶的催化作用是生化反应的核心，正如化学催化剂是化学反应的关键一样。

用发酵的方法酿酒和制醋，这可以视为最古老的生物化学过程。其起催化作用的是一种能使糖转化为酒精和二氧化碳的微生物——酵母。在传统产业与化工技术相结合的基础上，近年已发展了庞大的生物化工行业，同时也伴随着生物催化剂（酶）的广泛研究和应用。

在医药和农药工业中，以种种酶作催化剂，现已能大量生产激素、抗生素、胰岛素、干扰素、维生素以及多种高效的药物、农药和细菌肥料等。

在食品工业中，用酶催化可以生产发酵食品、调味品、醇类饮料、有机酸、氨基酸、甜味剂、鲜味剂以及各种保健功能食品。

在能源工业中，用纤维素、淀粉或有机弃物发酵的方法，已可大量生产甲烷、甲醇、乙醇用作能源。

在传统化工和冶金行业中，生物化工及酶催化剂的应用将会越来越具有竞争力。从长远的观点看，石油、煤和天然气等能源的枯竭已是不可避免的。因此，尽快寻求可再生资源，例如以淀粉和纤维素等作为化工原料已是当务之急。

（8）催化剂在环境化学工业中的应用　20 世纪，催化剂的应用对发展工业和农业，提高人民生活水平，甚至决定战争胜负，都起过巨大的作用。在 21 世纪中，催化剂将在解决当前国际上普遍关注的地球环境问题方面，起到同等甚至是更大的作用。催化剂研究的重点，将逐渐由过去以获取有用物质为目的的"石油化工催化"，逐渐转向以消灭有害物质为目的的新的"环保催化"。

目前，治理环境污染的紧迫性已成为当代人类的共识，也由于催化方法对环境保护的有效性，所以在近年来发展很快的环境保护工程中，催化脱硫催化剂、烃类氧化催化剂、氮氧化物净化催化剂、汽车尾气净化三效催化剂以及用于净化污水的酶催化剂等的应用也日益广泛。目前这种保护环境、防止公害的催化剂的产量增长最快。

从以上 8 类中的化工过程与催化剂关系的简明叙述中，对于两者间关系的现状已有了大致了解。在数以万计的无机化工产品及数以十万计的有机化工产品的生产中，类似的实例数不胜数。由此可见催化剂推动石油化工进展的重要作用。

第四节 催化剂工业的发展概况和发展方向

一、催化剂工业的发展概况

1. 全球催化剂工业的发展概况

20 世纪 70 年代后期，全球催化剂销售额仅 10 亿美元，1985 年为 25 亿美元，1990 年为 60 亿美元，1995 年为 85 亿美元。到 2001 年，全球催化剂市场价值突破了 100 亿美元。表 1-2 列出了 2001～2007 年全球各类催化剂市场的销售额。

表 1-2　2001～2007 年全球各类催化剂市场的销售额　　　单位：亿美元

类　别	2001 年	2004 年	2007 年	2001～2007 年均增长率/%
炼油	22.18	23.23	24.73	1.9
石油化学品	20.69	21.50	20.69	0.0
聚合物	22.68	26.46	30.42	5.7
精细化学品和中间体等	11.00	13.64	16.28	8.0
环保	25.02	28.62	37.13	8.1
合计	101.57	113.45	129.25	4.5

可以看出，近年来除石油化学品所用催化剂的市场价值保持基本稳定以外，其他各领域的催化剂市场都有不同程度的上升，其中以汽车尾气净化催化剂为主的环保催化剂发展迅速，构成比例逐年上升，目前的销售额约占 40% 左右。

由于不同国家与地区在炼油工业和化学工业方面发展水平不同，其催化剂工业的发展速度和消费水平存在很大的差异。从地域分布来看，美国、西欧和日本占据了全球主要的催化剂市场。

美国是全球最大的催化剂市场。据弗里多尼亚集团公司（Freedonia Group）分析，美国对炼油化工催化剂需求的年增长率为 4.5%，2007 年为 35 亿美元左右；消费量年增长率为 2.1%，2007 年产量为 367.74 万吨左右，美国炼油化工催化剂需求情况如表 1-3 所示。增长的主要驱动力来自先进的新一代催化剂销售额的持续增长。

表 1-3　美国炼油化工催化剂需求情况

催化剂类别	催化剂需求/亿美元			年均增长率/%	
	1997 年	2002 年	2007 年	1997～2002 年	2002～2007 年
石油炼制	8.90	10.30	12.10	3.0	3.3
化学加工	8.08	9.25	11.70	2.7	4.8
聚合物生产	6.23	8.15	10.75	5.5	5.7
催化剂总需求	23.21	27.70	34.55	3.6	4.5

炼油催化剂需求的年增长率为 3.3％，2007 年达 12.10 亿美元，主要是受生产低硫车用燃料需求增长所驱动。其中，特种裂化催化剂需求将增长，禁用甲基叔丁基醚（MTBE）启动后使烷基化和催化重整催化剂需求也在增长。

化学加工催化剂需求的年增长率为 4.8％，2007 年达 11.70 亿美元。新的手性催化剂和生物催化剂技术发展将产生重要影响，新型分子筛和金属催化剂需求也将增长。

聚合物生产用催化剂需求的年均增长率为 5.7％，2007 年达 10.75 亿美元。驱动力主要来自生产塑料的茂金属和其他新一代单活性中心催化剂的需求增长，这些催化剂优于常规的齐格勒-纳塔催化剂，其占市场份额将继续增长。据预测，单活性中心催化剂增长最快，年增长率为 27％，达到 1.05 亿美元。齐格勒-纳塔催化剂是用量很大的品种，年增长率为 4.8％，达到 5.50 亿美元，反应引发剂将以 3.5％的速度增长，达到 1.90 亿美元，其他催化剂将以 4.1％的速度增长，达到 2.30 亿美元。

美国催化剂生产厂家约有 100 多家，其中大部分公司都只专门生产一两个催化剂品种，这是由催化剂制造技术的专一性决定的。但是，Davision、Engelhard 和 Harshow/Filtro 这三家公司的生产能力最大，提供了美国 90％流化床催化裂化装置所需用的催化剂，其产值占美国催化剂总产值的 1/3。

美国的催化剂工业具有以下几个方面的特点。

① 不存在全面的垄断企业。没有一家公司能同时生产炼油、化工和环保三个领域涉及的 12 种主要品种的催化剂。

② 催化剂厂商多依附于大企业。很多催化剂厂已成为大型石油或化工公司相对独立的部门或子公司。

③ 催化剂公司兼并与合作是跨国性的。

④ 催化剂开发多采取制造厂与使用厂合作开发的方式。

欧洲是催化剂化学工业的发祥地。近年来，欧洲催化剂的销售额约占全球工业催化剂销售总额的 28％。其中，德国、法国、英国、荷兰、比利时等西欧国家占据了欧洲催化剂的主要市场。

西欧催化剂生产企业约六十多家，但主要厂商为 25 家，比较有名的如以下几家公司。

德国的巴斯夫公司（Badische Anilin und Soda Fabrik AG，缩写 BASF）：原名为巴登苯胺与烧碱公司。创建于 1865 年，1890 年开始生产催化剂，1899 年研制成硫酸生产用钒催化剂，1913 年研制成功氨合成催化剂，1914 年实现铁铋氨氧化催化剂工业化。主要生产气体制造、变换、净化、合成、氧化、炼油、加氢等 8 大类催化剂，目前侧重于石油化工和环保催化剂的生产。

法国的联合信号公司（Allied Signal Co.）：美国联合信号公司的子公司，专门生产汽车尾气处理用催化剂，年生产能力为 450 万个催化转化器。

英国的帝国化学工业公司（Imperical Chemical Industries Ltd.，简称 ICI）：英国最大的化工企业，创建于 1926 年，以制氢和制氨催化剂为主。

荷兰的阿克苏化工公司（AKZO Chemie NV）：主要生产加氢裂化催化剂和加氢处理催化剂。

日本是唯一的自 1967 年起逐年公布催化剂产量的国家。近年来，日本催化剂工业受其他行业发展的支持，处于强劲发展势头。2002 年，日本催化剂产量首次突破 9 万吨大关；2003 年，增长至 9.22 万吨，生产和销售分别增长了 2％和 3％。而 2005 年，日本催化剂生产和销售均打破前七年来的最高记录，比上一年增长了 8％，生产和销售分别增至 10.67 万吨和 10.62 万吨，首次超过 10 万吨关口；销售额首次突破 26 亿美元。炼油催化剂和环保用催化剂需求均以两位数的速度增长，从而带动整个催化剂市场的发展。

炼油催化剂约占日本催化剂市场的 40%，并保持强势增长，生产和销售均较上年增长了 10%。由于受到日本、中国以及其他亚洲国家石化产品需求增长的影响，石化行业催化剂也处于良好增长势头。此外，环保用催化剂产量同比增长了 12%，达 2.07 万吨；销售量同比增长 14%，达 2.23 万吨，主要得益于汽车尾气排放标准提高，带动汽车尾气处理催化剂市场需求的增长。

由于日本国内炼油用催化剂市场趋于饱和，催化剂生产商正努力增加对亚洲以及世界其他地区的出口，这将对日本国内催化剂工业产生影响。随着日本汽车市场的平稳发展，汽车以及零部件出口的增加和新环保法规的实施，可能带动国内对汽车尾气处理用催化剂需求的增长。此外，日本国内炼油工程正在陆续"上马"，如专门处理重质原油的装置和用于生产化学产品的流化催化裂化等，包括中国和东南亚的新建装置。对于汽车尾气处理催化剂而言，继 2005 年实施新环保法规之后，修订后的环保法规将于 2009 年生效。这将对汽车排放尾气中的氮氧化物的含量提出更为严格的要求，从而增加对汽车尾气处理用催化剂的需求。

日本催化剂工业其他具有发展潜力的应用领域还包括新能源（如燃料电池）、其他如医药和电子材料等部门的新应用。

2. 国内催化剂工业的发展概况

我国催化剂制造业基础较为薄弱。1950 年，仅南京永利宁厂（现南京化学工业公司前身）生产氨合成用工业催化剂。1956 年，国家制订了第一个科技发展规划，开始重视催化剂的研究。

20 世纪 60 年代，兰州化学工业公司建立了第一个石油化工催化剂车间，生产酒精制乙烯、酒精制丁二烯以及乙苯脱氢制苯乙烯的催化剂。随后又建立了以石油裂解产物加氢精制催化剂和丙烯氨氧化制丙烯腈的固定床催化剂车间。不久，上海高桥化工厂自己兴建了生产烯烃聚合用烷基铝等催化剂的车间。

20 世纪 70 年代，我国开始引进多套石油化工生产装置，催化剂牌号达到 90 多个。为使这些催化剂尽快立足于国内生产，国家决定加强研制开发工作。到了 80 年代，约有 36 个牌号的催化剂实现了国产化，约占引进装置用催化剂总数的 23%，有些催化剂已达到或超过国外同类产品的水平。

目前，石油炼制及化肥工业催化剂基本国产化，有些已达到国际先进生产水平并推向国际市场。但石油化工等大宗催化剂的生产基本未形成一个完整的体系，现有的生产规模与需求量远不适应。另外，环保催化剂刚起步。

二、催化剂工业的发展方向

全球催化剂工业面临的总形势：催化剂的销售额继续增长，但原材料价格上涨和竞争的加剧，开始出现产品与原料的价格倒挂的情况，所以竞争非常激烈。在这样的形势下，催化剂制造业出现如下变化方向。

（1）催化剂业界的当前热点是企业间的大合作 例如，Engelhard 公司以 2 亿美元兼并了 Harshow/Filtrol 公司。此举使 Engelhard 公司在原有的贵金属催化剂系列之外又增添了碱金属催化剂系列，并进入加氢和烷基化使用的镍系催化剂领域。

1988 年 8 月，美国联碳公司的催化剂、吸收剂和工艺系统等装置与 Allied Signal 公司所属的 UOP 公司合并为 UOP 催化剂公司，从而将联碳的分子筛技术与 UOP 的催化剂技术相结合，加强了向炼油、化工和石化企业的供应能力，其销售额得到明显的增长。

1989 年 2 月，迪高沙公司从 Air Products 买进了肯塔基州的 Calvert 汽车催化剂厂并加以扩建。

还有，欧洲 Royal Dutch/Shell 公司催化剂部与美国氰胺公司合资创建了 Criterion 催化剂公司。

(2) 催化剂生命周期短，更新换代快　据估计，约有 15%～20% 的品种一年以后将被新品种取代。催化剂制造商只有不断地进行研究，不断地开发新产品，才能保持竞争力并有利可图。

(3) 催化剂企业保持竞争力的一种有效手段就是提供各种服务　例如，现在越来越常见的一种服务项目是贵金属回收。回收的好处之一是解决废催化剂的污染问题，另外就是有些废催化剂的贵金属本身的价值也值得回收，甚至有些催化剂从国外很远的地方装船运到回收装置的所在地，仍然比较经济。

另一种服务项目就是再生。其中炼油业对催化剂再生的需求量很大。不过由于计算机技术的发展，自动化程度的不断提高，炼油设备越来越先进，如瞬间再生发应器的出现，它能在几十分之一秒的时间内，完成催化剂的再生。

思　考　题

1. 试全面解释催化剂的定义。
2. 催化剂有哪些分类方法？试解释均相催化剂和多相催化剂的含义。
3. 试说明国内化肥催化剂的标准命名法。
4. 试举例说明催化剂在化工生产中的地位和作用。
5. 试简述催化剂工业的发展概况。
6. 试简述催化剂工业的发展方向。

第二章 催化剂基础

【学习目标】 明确催化剂的基本特征、化学组成、宏观物理性质和催化作用的基本原理，重点掌握活性、选择性、中毒与失活等催化剂的基本性能，多相固体催化剂的基本组成，以及比表面积、比孔容积、密度等基本概念。

第一节 催化剂若干术语和基本概念

一、催化剂的基本特征

通过各种有关催化作用和催化剂概念的表述，可以概括出以下几条催化剂的基本特征：

① 催化剂能够改变化学反应速率，但其本身并不进入化学反应的计量式。这里指的是一切催化剂的共性——活性，即加快反应速率的关键特性。由于催化剂在参与化学反应的中间过程后，又恢复到原来的化学状态而循环起作用，所以一定量的催化剂可以促进大量反应物起反应，生成大量的产物。例如氨合成用催化剂，1t 催化剂能生产出约 2×10^4 t 氨。

② 催化剂对反应具有选择性，即催化剂对反应类型、反应方向和产物的结构具有选择性。从同一反应物出发，在热力学上可能有不同的反应方向，生成不同的产物。利用不同的催化剂，可以使反应有选择性地朝某个所需要的方向进行，生成所需要的产品。例如乙醇可以进行二三十个工业反应，生成用途不同的产物。它既可以脱水生成乙烯，又可以脱氢生成乙醛，也可以同时脱氢脱水生成丁二烯。使用不同选择性的催化剂，在不同条件下，可以让反应有选择地按某一反应进行。

③ 催化剂只能改变热力学上可能进行的化学反应的速率，而不能改变热力学上无法进行的化学反应的速率。例如，在常温常压、无其他外加功的作用下，水不能变成氢和氧，因而也不存在任何能加快这一反应的催化剂。

④ 催化剂只能改变化学反应的速率，而不能改变化学平衡的位置。在一定外界条件下某化学反应产物的最高平衡浓度，受热力学变量的限制。换言之，催化剂只能改变达到（或接近）这一极限所需要的时间，而不能改变这一极限值的大小。

⑤ 催化剂不改变化学平衡，意味着对正方向有效的催化剂，对反方向的反应也有效。任一可逆反应，催化剂既能加速正反应，也能同样程度地加速逆反应，这样才能使其化学平衡常数保持不变，因此某催化剂如果是某可逆反应的正反应的催化剂，必然也是其逆反应的催化剂。这是一条非常有用的推论。

二、催化剂的相关术语

（1）活性 催化剂活性是指某一特定催化剂影响反应速率的程度。它是表示催化剂催化能力的重要指标。催化剂活性越高，促进原料转化的能力越大，在相同的时间内会取得更多的产品。

工业上最常用来表示催化剂活性的方法就是"转化率"，但也可用"时空收率"来表示，而用"反应速率"来衡量则从理论上讲更为确切。

① 转化率。转化率是指反应所消耗掉的某一组分的量与其投入量之比。对于反应物 A，

若用符号 x_A 表示转化率，则：

$$x_A = \frac{\text{反应物 A 已转化的量(mol)}}{\text{反应物 A 起始的量(mol)}} \times 100\% \tag{2-1}$$

用转化率来表示催化剂活性并不确切，因为反应的转化率并不和反应速率呈正比，但这种方法比较直观。

② 时空收率。时空收率是指单位时间内使用单位体积催化剂所能得到的反应产物的量。单位：kg（或 kmol）产物/（m³ 催化剂·h）。

③ 反应速率。对于 A ⟶ B 的简单反应而言，反应速率是指单位催化剂表面积（或体积、质量）在单位时间内促进反应所引起的反应物 A 或产物 B 的量的变化。

（2）选择性　在实际的化学反应过程中，从热力学的平衡上看可能同时存在几种可能的化学反应，而对某一特定的催化剂而言，在指定的反应条件（如温度、压力）下，往往只加速所需要的反应。例如，在不同的反应条件下，使用不同的催化剂可使乙醇反应生成不同的产物（多达 38 种），这说明不同的催化剂具有不同的反应选择性。

通常对工业催化剂的要求是使其只生成所希望的目的产物，并尽量接近于达到反应温度和压力下的平衡转化率，最好不生成或尽量少生成其他副产物。但实际上完全不生成其他副产物的反应在并列反应情况下是不现实的，因而用催化剂的选择性来衡量生成目的产物的百分数。

催化剂的选择性是指给定反应产物 B 的生成量与原料中某一组分 A 的反应量之比。若用符号 s 表示选择性（selectivity），则：

$$s = \frac{\text{生成目的产物 B 的量(mol)}}{\text{某一关键反应物 A 已转化的量(mol)}} \times 100\% \tag{2-2}$$

（3）收率　收率是指给定反应产物 B 的生成量与原料中某一组分 A 的加入量之比。若用符号 y 来表示收率（yield），则：

$$y = \frac{\text{生成目的产物 B 的量(mol)}}{\text{某一关键反应物 A 的起始量(mol)}} \times 100\% \tag{2-3}$$

转化率、产率、选择性之间存在如下关系：

$$y = xs \tag{2-4}$$

【例】 乙醇在装有氧化铝催化剂的固定床试验反应器中脱水生成乙烯，测得每投料 0.460kg 乙醇，能得到 0.252kg 乙烯，剩余 0.023kg 未反应掉的乙醇。求算乙醇的转化率、乙烯的产率和选择性。

解：　　　反应式　　　$C_2H_5OH \longrightarrow C_2H_2 + H_2O$

相对分子质量　　46　　　　28　　18

乙醇的转化率　　　$x = \dfrac{0.460 - 0.023}{0.460} \times 100\% = 95\%$

乙烯的产率　　　　$y = \dfrac{0.252/28}{0.460/46} \times 100\% = 90\%$

乙烯的选择性　　　$s = \dfrac{0.252/28}{(0.460 - 0.023)/46} \times 100\% = 94.7\%$

或　　　　　　　　$s = \dfrac{y}{x} = \dfrac{90\%}{95\%} = 94.7\%$

（4）寿命　不同催化剂的使用寿命各不相同，寿命长的可用十几年，寿命短的只能用几十天。而同一品种催化剂，因操作条件不同，寿命也会相差很大。

工业催化剂在使用过程中通常会有随时间变化的活性曲线，这种活性变化包括诱导期、稳定期和衰退期三个阶段。一些工业催化剂，最好的活性并不是在开始使用时达到，而是经过一定时间的诱导期之后，活性才会逐步增加并达到最佳点。经过诱导期之后，活性达到最大值，继续使用时，活性会略有下降而趋于稳定，只要能够保证适宜的工艺操作条件，这种良好而又稳定的催化活性就会保持较长的时间，即为稳定期。随着使用时间的增长，催化剂因吸附毒物或因过热而使其发生结构变化等原因，催化剂活性会衰退，直至丧失。

① 单程寿命。催化剂在使用条件下，维持一定活性水平的时间（或催化剂在反应运转条件下，在活性和选择性不变的情况下能连续使用的时间）。通常，稳定期的长短即为催化剂的单程寿命。

② 总寿命。每次活性下降后经再生而又恢复到许可活性水平的累计使用时间。

（5）中毒　中毒是指催化剂在使用过程中，由于某些杂质或反应产物（或副产物）与催化剂发生作用，使得催化剂活性受到严重破坏。中毒的机理大致有两种情况：一种是毒物强烈地化学吸附在催化剂的活性中心上，造成覆盖，减少了活性中心的浓度；另一种是毒物与构成活性中心的物质发生化学反应转变为无催化活性的物质。催化剂中毒又分为可逆中毒和不可逆中毒，可逆中毒又称暂时中毒，活性易于再生；不可逆中毒又称永久中毒，活性难以再生。

（6）失活　失活是指催化剂在使用过程中催化活性的衰退或完全丧失。引起催化剂失活的原因很多，主要有以下几点。

① 中毒。

② 积炭。积炭亦称炭沉积，即催化剂表面析炭，是指催化剂在使用过程中逐渐在表面上沉积了一层含碳化合物，减少了可利用的表面积，从而引起催化活性衰退。炭沉积可以看成是反应副产物的毒化作用。炭沉积的机理是由于底物分子经脱氢-聚合而形成了不挥发性的高聚物，它们可以进一步脱氢而形成含氢量很低的类焦物质，也可能由于低温下的聚合，形成了树脂状物质，从而覆盖了活性中心，堵塞了催化剂的孔道，使活性表面丧失。

③ 烧结。高温下，固体催化剂较小的晶粒可以重结晶为较大的颗粒，这种现象叫作烧结。烧结存在两种情况，一种是比表面积减少，即催化剂微小晶粒在高温下黏附聚结成大颗粒，其孔径增大，孔容减少；另一种是晶格不完整性减少，这是因为制备的催化剂通常存在位错或缺陷等晶体不完整性，在这些晶格不完整部位附近的原子由于有较高的能量，容易形成催化剂的活性中心，而催化剂烧结时会发生晶型转变，故使晶体不完整性减少或消失，结晶长大，结构稳定化，造成催化剂活性部位显著减少。这两种情况均会引起催化剂的失活。

④ 化合形态及化学组成发生变化。一种情况是：原料混入的杂质或反应生成物与催化剂发生了反应。例如，在汽车排气处理时，使用负载在活性氧化铝上的 CuO 催化剂进行 NO_x 处理时，燃料油所含的 S 会使尾气产生 SO_2，SO_2 氧化生成 SO_3 后，再与 CuO 发生反应生成 $CuSO_4$，载体 Al_2O_3 也会变成 $Al_2(SO_4)_3$，这样催化剂的活性就显著降低。

另一种情况是：催化剂受热或周围气氛作用使催化剂表面组成发生变化。例如，活性部分发生升华、活性组成与载体发生固相反应等。

⑤ 形态结构发生变化。所谓形态结构发生变化，是指催化剂在使用过程中，由于各种因素而使催化剂外形、粒度分布、活性组分负载状态、机械强度等发生变化。其原因主要有三种情况：一是催化剂受急冷、急热或其他机械作用而引起催化剂的强度破坏；二是催化剂制备时所加入的黏结剂挥发、变质而引起颗粒间黏结力降低；三是杂质堵塞。

（7）再生　催化剂再生是指催化剂经长期使用后活性衰退，选择性下降，达不到工艺要求，必须进行适当的物理处理或化学处理，使其活性和选择性等催化性能得以恢复。

催化剂再生周期长、可再生次数多，将有利于生产成本的降低。

当失活是由于催化剂表面炭沉积引起时，失活的催化剂可以通过再生，从而实现催化活性完全或部分恢复。再生的方法很多，因催化剂品种的不同而异。如 Al_2O_3、ThO_3、ZnO、Cr_2O_3、硅酸铝等具有热稳定性的催化剂，可在空气或氧气中用燃烧的方法再生，以除去其含碳杂质。

第二节　催化剂的化学组成和物理结构

前已述及，按催化反应体系的物相均一性分类，催化剂可分为多相反应催化剂、均相反应催化剂和酶催化剂三大类。其中，多相反应催化剂主要为多相固体催化剂，均相反应催化剂主要为均相配合物催化剂。下面对这几类催化剂进行分别讨论。

一、多相固体催化剂

多相固体催化剂是目前石油化学等工业中使用比例最高的催化剂。其中包括气-固相（多数）催化剂和液-固相（少数）催化剂，前者应用更广。从化学成分上看，这类工业催化剂主要含有金属、金属氧化物或硫化物、复合氧化物、固体酸、碱、盐等，以无机物构建其基本材质。

除了早期用于加氢反应的雷尼 Ni 等极少数单组分催化剂外，大部分催化剂都是由多种单质或化合物组成的混合体——多组分催化剂。这些组分，可根据各自在催化剂中的作用，分别定义说明如下。

（1）主催化剂　主催化剂是指起催化作用的根本性物质。没有它，就不存在催化作用。例如，在合成氨催化剂中，无论有无 K_2O 和 Al_2O_3，金属铁总是有催化活性的，只是活性稍低、寿命稍短而已。相反，如果催化剂中没有铁，催化剂就一点活性也没有。因此，铁在合成氨催化剂中是主催化剂。

（2）共催化剂　共催化剂是指能和主催化剂同时起作用的组分。例如，脱氢催化剂 Cr_2O_3-Al_2O_3 中，单独的 Cr_2O_3 就有较好的活性，而单独的 Al_2O_3 活性则很小，因此，Cr_2O_3 是主催化剂，Al_2O_3 是共催化剂；但在 MoO_3-Al_2O_3 型脱氢催化剂中，单独的 MoO_3 和 γ-Al_2O_3 都只有很小的活性，但把两者组合起来，却可制成活性很高的催化剂，所以 MoO_3 和 γ-Al_2O_3 互为共催化剂；石油裂解用 SiO_2-Al_2O_3 固体酸催化剂具有与此相类似的性质，单独使用 SiO_2 或 γ-Al_2O_3 时，它们的活性都很小；合成氨铁系催化剂，单独使用主催化剂，已成功工业化数十年，近年的研究证明，使用 Mo-Fe 合金或许更好，如图 2-1 所示，合金中 Mo 含量在 80% 时其活性比单纯 Fe 或 Mo 都高。这里 Mo 就是主催化剂，而 Fe 反倒成了共催化剂。

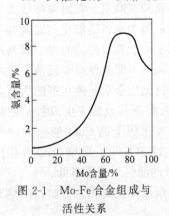

图 2-1　Mo-Fe 合金组成与活性关系

（3）助催化剂　助催化剂是催化剂中具有提高主催化剂活性、选择性，改善催化剂的耐热性、抗毒性、机械强度和寿命等性能的组分。虽然助催化剂本身并无活性，但只要在催化剂中添加少量助催化剂，即可明显达到改进催化性能的目的。助催化剂通常又可细分为以下几种。

① 结构助催化剂。能使催化剂活性物质粒度变小、表面积增大，防止或延缓因烧结而降低活性等。

② 电子助催化剂。由于合金化使空 d 轨道发生变化，通过改变主催化剂的电子结构提高活性和选择性。

③ 晶格缺陷助催化剂。使活性物质晶面的原子排列无序化，通过增大晶格缺陷浓度提高活性。

其中，电子助催化剂和晶格缺陷助催化剂有时也合称调变性助催化剂，因为其"助催"的本质近于化学方面，而结构性助催化剂的"助催"本质，更偏于物理方面。

若以氨合成催化剂为例，假如没有 Al_2O_3、K_2O 而只有 Fe，则催化剂寿命短、容易中毒、活性也低。但在铁中有了少量 Al_2O_3 或 K_2O 后，催化剂的性能就大大提高了。应该指出在一个工业催化剂中，往往不只含有一种助催化剂，而可能同时含有数种。如 $Fe-Al_2O_3-K_2O$ 催化剂中，就同时含有两种助催化剂 Al_2O_3 和 K_2O。另外助催化剂是多种多样的，同一种物质（如 MgO）在不同催化剂中所起的作用不一定相同，而同一种反应也可以用不同的助催化剂来促进。

某些重要工业催化剂中的助催化剂及其作用如表 2-1 所示。

表 2-1　助催化剂及其作用类型

反 应 过 程	催化剂（制法）	助催化剂	作 用 类 型
氨合成 $N_2+3H_2 \rightleftharpoons 2NH_3$	Fe_3O_4，Al_2O_3，K_2O （热熔融法）	Al_2O_3 K_2O	Al_2O_3 为结构性助催化剂；K_2O 为电子助催化剂，降低电子逸出功，使 NH_3 易解吸
CO 中温变换 $CO+H_2O \rightleftharpoons CO_2+H_2$	Fe_3O_4，Cr_2O （沉淀法）	Cr_2O	结构性助催化剂，与 Fe_3O_4 形成固熔体，增大比表面积，防止烧结
萘氧化 萘+氧 $\longrightarrow$ 邻苯二甲酸酐	V_2O_5，K_2SO_4 （浸渍法）	K_2SO_4	与 V_2O_5 生成共熔物，增加 V_2O_5 的活性和生成邻苯二甲酸酐的选择性、结构性
合成甲醇 $CO+2H_2 \rightleftharpoons CH_3OH$	CuO，ZnO，Al_2O_3 （共沉淀法）	ZnO	结构性助催化剂，把还原的细小 Cu 晶粒隔开，保持大的 Cu 表面
轻油水蒸气转化 $C_nH_m+nH_2O \rightleftharpoons$ $nCO+\left(\dfrac{m}{2}+n\right)H_2$	NiO，K_2O，Al_2O_3 （浸渍法）	K_2O	中和载体 Al_2O_3 表面酸性，防止结炭，增加低温活性、电子性

（4）载体　载体是固体催化剂所特有的组分。载体具有增大表面积、提高耐热性和机械强度的作用，有时还能多少担当共催化剂或助催化剂的角色。多数情况下，载体本身是没有活性的惰性物质，它在催化剂中含量较高。

把主催化剂、助催化剂负载在载体上所制成的催化剂称为负载型催化剂。负载型催化剂的载体，其物理结构和物理性质往往对催化剂性能有决定性的影响。常见载体的一些物理性质如表 2-2 所示。

载体的存在，通常对催化剂的宏观物理结构起着决定性的影响。而用不同方法制备或由不同产地获得的载体，物理结构往往有很大差异。如氧化镁是一种常被选用的催化剂载体，由碱式碳酸镁 $MgCO_3 \cdot Mg(OH)_2$ 煅烧制得的为轻质氧化镁，堆积密度为 $0.2 \sim 0.3g/cm^3$，而用天然菱镁矿 $MgCO_3$ 煅烧制得的为重质氧化镁，堆积密度为 $1.0 \sim 1.5g/cm^3$。

很多物质虽然具有满意的催化活性，但是难于制成高分散的状态，或者即使能制成细分散的微粒，但在高温的条件下也难于保持这种大的比表面积，所以还是不能满足对工业催化剂的基本要求。在这种情况下，将活性物质与热稳定性高的载体物质共沉淀，常常可以得到寿命足够长的催化剂；有一些作为催化剂活性组分的氧化物，很难制成细分散的粒子，但是

表 2-2　各种载体的比表面积和比孔容积

载体类型	载体名称	比表面积/(m²/g)	比孔容积/(cm³/g)
高比表面积	活性炭	900～1100	0.3～2.0
	硅胶	400～800	0.4～4.0
	$Al_2O_3 \cdot SiO_2$	350～600	0.5～0.9
	Al_2O_3	100～200	0.2～0.3
	黏土、膨润土	150～280	0.33～0.5
	矾土	150	约 0.25
中等比表面积	氧化镁	30～50	0.3
	硅藻土	2～30	0.5～6.1
	石棉	1～6	—
低比表面积	钢铝石	0.1～1	0.33～0.45
	刚玉	0.07～0.34	0.08
	碳化硅	＜1	0.40
	浮石	约 0.04	—
	耐火砖	＜1	—

如果用适当的方法，例如用浸渍法，就能使含钼和铬等的化合物沉积在氧化铝上，就可以制得高分散度、大比表面积的催化剂，这时载体氧化铝起了分散作用；许多金属和非金属活性物质，尽管熔点比较高，在高温操作的条件下，由于"半熔"和烧结现象的存在，也难于维持大的表面积。例如，纯金属铜甚至在低于 200℃ 的温度下也会由于熔结而迅速降低活性，因此用氢气加热还原的方法来制备纯金属铜催化剂是难于成功的；可是如果用氧化铝为载体，用共沉淀方法制备催化剂时，加热到 250℃ 也不会发生明显的熔结。还有，一些贵金属催化剂，虽然熔点很高，但在温度高于 400℃ 的情况下长期操作，能够观察到这些金属晶粒的较快增长，因而导致活性的明显下降，但如果把这些金属载在耐火而难还原的氧化铝载体上（前者的含量比后者小得多），甚至使用数年，也不见晶粒明显变大。

显然，在上述种种条件下，载体起到抑制晶粒增长和保持长期稳定的作用。

关于载体，将在本章第五节有补充性的介绍。

（5）其他　多相固体催化剂的组成中，除主催化剂、共催化剂、助催化剂和载体以外，通常还有其他一些组分，如稳定剂、抑制剂等。

稳定剂的作用与载体相似，也是某些催化剂中的常见组分，但前者的含量比后者小得多。如果固体催化剂是结晶态（多数如此），从催化剂活性的要求看，活性组分应保持足够小的结晶粒度以及足够大的结晶表面积，并且使这种状况维持足够长的时间。从晶体结构的角度考虑，会导致结晶表面积减少的主要因素是由于相邻的较小结晶的扩散、聚集而引起的结晶长大。像金属或金属氧化物一类简单的固体，如果它们是以细小的结晶形式（＜50nm）存在，尤其是在温度超过它们熔点一半时，特别容易烧结。图 2-2 粗略表示出了熔点、

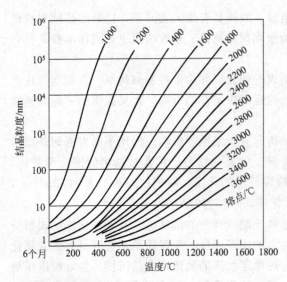

图 2-2　熔点、烧结时间和最小结晶粒度的关系

烧结时间和最小结晶粒度之间的关系。此最小结晶粒度，是指能存在于烧结后单组分紧密聚集体中的结晶粒度。由图 2-2 可以看出，如果紧密聚集体是由铜形成的（熔点 1083℃），它在 200℃烧结 6 个月（在还原气氛中），其最小结晶粒度将超过 100nm；如果在 300℃烧结，最小结晶粒度超过 1μm。而氧化铝（熔点 2032℃）在 500℃可保持 6 个月，结晶粒度只增大到不超过 7nm。鉴于这种理由，当催化剂中活性组分是一种熔点较低的金属时，通常还应含有很多耐火材料的结晶，后者起着"间隔体"的作用，阻止容易烧结的金属互相接触。氧化铝、氧化镁、氧化锆等难还原的耐火氧化物，通常作为一些易烧结催化组分的细分散态的稳定剂。

抑制剂的作用，正好与助催化剂相反。如果在主催化剂中添加少量的物质，便能使前者的催化活性适当降低，甚至在必要时大幅度下降，则后者这种少量的物质即称为抑制剂。一些催化剂配方中添加抑制剂，是为了使工业催化剂的诸性能达到均衡匹配，整体优化。有时，过高的活性反而有害，它会影响反应器散热而导致"飞温"，或者导致副反应加剧，选择性下降，甚至引起催化剂积炭失活。几种催化剂的抑制剂举例如表 2-3 所示。

表 2-3 几种催化剂的抑制剂

催 化 剂	反 应	抑 制 剂	作 用 效 果
Fe	氨合成	Cu,Ni,P,S	降低活性
V_2O_5	苯氧化	氧化铁	引起深度氧化
SiO_2,Al_2O_3	柴油裂化	Na	中和酸点、降低活性

综上所述，固体催化剂在化学组成方面，包括主催化剂、共催化剂、助催化剂、载体以及稳定剂、抑制剂等其他的一些组分。但大多数是由主催化剂、助催化剂以及载体三大部分构成，典型实例如表 2-4 所示。

表 2-4 若干典型工业固体催化剂的化学组成

反 应	主(共)催化剂	助催化剂	载体	反 应	主(共)催化剂	助催化剂	载体
合成氨	Fe	K_2O,Al_2O_3	—	乙烯氧乙酰化制醋酸乙烯	Pd(Au)	CH_3COOK	硅藻土或 SiO_2
CO 低温变换	Cu	ZnO	Al_2O_3	脱氢	Cr_2O_3	Al_2O_3	Al_2O_3
甲烷化	Ni	MgO、稀土等	Al_2O_3		MoO_3(Al_2O_3)	—	Al_2O_3
硫酸	V_2O_5	K_2SO_4	硅藻土	加氢	Ni	—	γ-Al_2O_3
乙烯氧化制环氧乙烷	Ag	—	α-Al_2O_3	油脂加氢	雷尼(Raney)镍	—	—

二、均相配合物催化剂

（1）配合物（过去称络合物） 共价键是由两个原子间的共用电子对形成的。其中，共用电子对由一个原子单方面提供所形成的共价键称为配位共价键，简称配位键。配位键的形成表示如下：

$$A+B: \longrightarrow A:B$$

由一个简单阳离子（中心离子）和一定数目的中性分子或阴离子（配体）以配位键结合，形成带有一定电荷的配位个体叫作配离子。配离子又可分为配阳离子｛如 $[Cu(NH_3)_4]^{2+}$、$[Cu(H_2O)_4]^{2+}$、$[Ag(NH_3)_2]^+$｝和配阴离子｛如 $[AuCl_4]^-$、$[PtCl_6]^{2-}$、$[Fe(CN)_6]^{4-}$｝。

配离子（内界）与带有相反电荷的离子（外界）组成的电中性化合物称为配位化合物，简称配合物，如硫酸四氨合铜 $[Cu(NH_3)_4]SO_4$、六氰合铁（Ⅱ）酸钾 $K_4[Fe(CN)_6]^{4-}$。

配合物还包括本身就是电中性化合物的配位个体，它没有外界，如三氯·三氨合钴 [$CoCl_3(NH_3)_3$]、二氯·二氨合铂 [$PtCl_2(NH_3)_2$]、四羰基合镍 [$Ni(CO)_4$]、五羰基合铁 [$Fe(CO)_5$]。

配体中能提供孤对电子与中心离子所共用而形成配位键的原子称为配位原子。配位原子的总数称为配位数。如 [$Ag(NH_3)_2$]$^+$ 中配位原子为 N，配位数为 2；[$Fe(CN)_6$]$^{4-}$ 中配位原子为 C，配位数为 6。

(2) 均相配合物催化剂　均相配位催化就是以可溶性的配合物为催化剂的均相催化。均相配合物催化剂的理论基础——配位化学已成为当前化学领域中最活跃的前沿科学之一，它联系并渗透到几乎所有的化学分支学科中，而在催化学科内的作用之深、之广，则远非其他学科所能比拟。同时从工艺和工程的实用角度看，迄今为止，石油化工中已有 20 多个生产过程用到此类催化剂，已占整个催化生产过程产量的 15% 左右。今后这个比例必定会日益增高。

均相配合物催化剂在化学组成上是由通常所称的中心金属 M 和环绕在其周围的许多其他离子或中性分子（即配体，亦称配位体）所组成的。中心金属 M 多为 d 轨道未填满电子的过渡金属，如 Fe、Co、Ni、Ru(钌)，以及 Zr(锆)、Ti、V、Cr、Hf 等金属；配体通常是含有两个及两个以上孤对电子或含有 π 键的分子或离子，例如 Cl^-、Br^-、CN^-、H_2O、NH_3、$(C_6H_5)_3P$ 和 C_2H_4 等。

均相配合物催化剂的催化反应就是通过中心金属原子周围的配体（离子或中性分子）与反应物分子的交换，使得反应物分子进入配位状态而被活化，从而促进反应的进行。如反应物分子（L'）通过配位体的取代反应而活化：

$$M-L_n \xrightleftharpoons{慢} M-L_{n-1}+L$$

$$M-L_{n-1}+L' \xrightleftharpoons{快} M-L_{n-1}-L'$$

或

$$L-M+L' \xrightarrow{慢} L-M-L' \longrightarrow M-L'+L$$

若与非均相固体催化剂的化学组成加以对比，在均相配合物催化剂中，中心金属类似于主催化剂或活性组分，而配体则类似于助催化剂；或者，主催化剂与助催化剂均是均相配合物。

均相配合物催化剂具有活性高、选择性好、反应条件温和等优点，但也有种种缺陷，如催化剂分离回收困难、需要稀有贵重金属、热稳定性差及对反应器腐蚀严重等。因此近来在研究其固相化（或负载化）形成种种非均相催化剂。所使用的载体有硅胶、氧化铝、活性炭、分子筛等传统的无机材料，也有离子交换树脂、交联聚苯乙烯、聚氯乙烯等有机高分子材料。在这里，引入载体也同样地形成了负载催化剂，或称固定化催化剂、锚定配合物等。

均相配合物催化剂与前述的多相固体催化剂在化学组成方面是可以类比的，如助催化剂对这类催化剂的显著影响，可举例如表 2-5 所示。

表 2-5　助催化剂对均相配合物催化剂活性的影响

助催化剂	活性/ (g 聚丙烯/g 催化剂)	（庚烷） 不溶性聚合物	助催化剂	活性/ (g 聚丙烯/g 催化剂)	（庚烷） 不溶性聚合物
Et_2AlF	251	97.7%	Et_2Al	346	70.6%
Et_2AlCl	159	96.4%	$(n\text{-}Bu)_3Al$	约 400	68.6%
Et_2AlBr	105	96.7%	$(n\text{-}Octyl)_3Al$	约 400	50.3%
Et_2AlI	42	98.1%	$(n\text{-}Decyl)_3Al$	约 400	41.1%

注：主催化剂 $TiCl_3$。聚合条件：0.24MPa；55℃；3.5h；Al：Ti=2：8(摩尔比)；溶剂为正庚烷。Et、Bu、Octyl、Decyl 分别代表乙基、丁基、辛基和癸基。

若干典型工业配合物催化剂的化学组成，可举例如表 2-6 所示。

表 2-6　若干典型工业配合物催化剂的化学组成

催 化 剂	主（共）催化剂	助催化剂	载 体
Ziegler-Natta	$TiCl_3$	烷基铝（AlR_3）	—
Wacker	$PdCl_2$	$CuCl_2$	—
Kaminsky-Sinn	二茚基氯化锆 $Et(Ind)_2ZrCl_2$	甲基铝氧烷（MAO）	—

三、生物催化剂（酶）

酶是生物体内一类天然蛋白质，它是一类能催化化学反应的生物分子。

有关研究表明，酶是由碳（约 55%）、氢（约 7%）、氧（约 20%）、氮（约 18%）以及少量的硫（约 2%）元素和金属离子组成的天然高分子化合物。这和其他非酶蛋白质的元素组成相近。

从酶分子的物理结构和聚集态看，酶都是胶体状的、不能透析的、在水中和缓冲溶液中有不同溶解度的两性电解质。酶有大体相同于普通非酶蛋白质的物理化学特性。如在略高于常温的温度下固化变性、在浓溶液中比在稀溶液中稳定、可用盐类溶液等沉淀剂将其沉淀（或盐析）出来等。

所有的蛋白质，按其化学组成均可分为单纯蛋白质和结合蛋白质两大类。单纯蛋白质，经完全水解后，其最终产物都是氨基酸。结合蛋白质，则由单纯蛋白质与非蛋白部分组成，后者称为辅基。

类似的，酶也可以根据其化学组成分为单纯酶和结合酶两大类。单纯酶是由单纯蛋白质组成的酶，如常见的蛋白酶、淀粉酶、脂肪酶、核糖核酸酶等。结合酶是由蛋白质部分（酶蛋白）和非蛋白质部分（酶的辅助因子）组成的酶，属于结合蛋白质。酶蛋白和酶的辅助因子分别单独存在时，均无催化活性，而只有当酶蛋白与辅助因子结合成全酶时，才表现出催化活性。所以，辅助因子是结合酶的必需成分。有关酶催化剂的具体结构，可参阅相关资料。

与固体多相催化剂相比，酶中的简单蛋白质和辅助因子，大体相当于前者中的主催化剂和助催化剂。

与均相配合物催化剂相似，目前的酶催化剂和底物（反应物）多是溶于液体（通常是水）形成均相的，也同样存在固定化或负载化的问题。固定化酶也常用活性炭、高岭土、白土、硅胶、氧化铝、多孔玻璃、纤维素、葡萄糖、聚丙酰胺等为载体，进行负载、锚定，以便固化。

第三节　催化剂的宏观物理性质

固体催化剂或载体是具有发达孔系和一定内外表面的颗粒集合体。一般情况下，固体催化剂的结构组成是：一定的原子（分子）或离子按照晶体结构规则组成含微孔的纳米级晶粒，即原级粒子；因制备化学条件和化学组成不同，若干晶粒聚集为大小不一的微米级颗粒（particle），即二次粒子；通过成型工艺制备，若干颗粒又可堆积成球、条、锭片、微球粉体等到不同几何外形的颗粒集合体，即粒团（pellet），其尺寸则随需要由几十微米到几毫米，有时可达上百毫米以上。实际成形的催化剂，颗粒（二次粒子）间堆积形成的孔隙，与

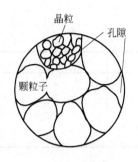

晶粒
孔隙
颗粒子

图 2-3 催化剂颗粒结合体（粒团）示意图

颗粒内部晶粒间的微孔，构成该粒团的孔系结构，如图 2-3 所示。

晶粒和颗粒间连接方式、接触点键合力以及接触配位数等则决定了粒团的抗破碎和磨损性能。

工业催化剂的性质，包括化学性质和物理性质。在催化剂化学组成与结构确定的情况下，催化剂的性能与寿命，决定于构成催化剂的颗粒-孔系的"宏观物理性质"。

一、粒度、粒径及粒径分布

颗粒尺寸（particle size）称为颗粒度，简称粒度。实际催化剂颗粒是成型的粒团，即颗粒集合体，所以狭义的催化剂粒度是指粒团尺寸（pellet size）。[负载型催化剂负载的金属或其化合物粒子是晶粒或二次粒子，它们的尺寸符合粒度的正常定义。通常测定条件下不再被人为分开的二次粒子（颗粒）和粒团（颗粒集合体）的尺寸，都泛称为颗粒度。]

单个颗粒的粒度用颗粒直径来表示，简称粒径。均匀球形颗粒的粒径就是球直径，非球形不规则颗粒粒径往往用"当量直径"（或"等效球直径"）来表示。

催化剂原料粉体、实际的微球状催化剂及其组成的二次粒子、流化床用微粉催化剂等，都是不同粒径的多分散颗粒体系，测量单个颗粒的粒径没有意义，而用统计的方法得到的粒径和粒径分布是表征这类颗粒体系的必要数据。

粒径分布是指颗粒数目、质量或体积随粒径变化而变化的情况。

表示粒径分布的最简单方法是直方图，即测量颗粒体系最小至最大粒径范围，划分为若干逐渐增大的粒径分级（粒级），由它们与对应尺寸颗粒出现的频率作图而得，频率的内容可表示为颗粒数目、质量或体积等。如果将各粒级再细分为更小的粒级，当级数

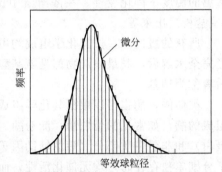

微分
频率
等效球粒径

图 2-4 粒径分布直方图与微分图

无限增多，级宽趋近于零时，直方图即变为以微分形式表示的粒径分布图，如图 2-4 所示。

二、比表面积

非均相催化反应是在固体催化剂表面上进行的。但催化剂的外表面极为有限，而内表面却要大得多。

催化剂的内表面积常采用比表面积来表示。

单位质量催化剂的内表面积总和称为比表面积，简称比表面，其单位是 m^2/g。

不同催化剂具有不同的比表面积；同一种催化剂，制备方法不同，所得比表面积也有很大差别。比表面积是催化剂一个很重要的参数。

三、比孔容积、孔径及孔径分布

单位质量催化剂的内部孔体积总和称为比孔容积，简称比孔容或孔容，其单位是 cm^3/g 或 mL/g。

催化剂中孔的大小可简单地用孔径来表示，但是孔的大小、开口和长度是不均匀的，所以常用平均孔半径 r 来表示。通常采取圆柱毛细孔模型，把所有的孔都看成是圆柱形的孔，其平均长度为 L，根据测得的比孔容积和比表面积，就可算出平均孔半径 r。

想要知道催化剂微孔对反应速率的影响，仅仅知道平均孔径是不够的，常常需要知道催

化剂的孔径分布。通常将孔半径小于 $0.01\mu m$（10nm）的孔称为细孔，$0.01\sim0.2\mu m$ 的孔称为过渡孔，孔半径大于 $0.2\mu m$（200nm）的孔称为大孔。1972 年，国际纯粹与应用化学联合会（IUPAC）按孔宽度将孔尺寸划分为三类：小于 2nm 的称为微孔，$2\sim50nm$ 的称为介孔（或中孔），大于 50nm 的称为大孔。孔径分布就是指孔容积按孔径大小变化而变化的情况，由此来了解催化剂颗粒中不同类型孔的数量。孔径分布可通过专用仪器进行测定。

四、机械强度

机械强度是任何工程材料的最基础性质。由于催化剂形状各异，使用条件不同，难于以一种通用指标表征其普遍适用的力学性能。

一种成功的工业催化剂，除具有足够的活性、选择性和耐热性外，还必须具有足够的与寿命有密切关系的强度，以便抵抗在使用过程中的各种应力而不致破碎。从工业实践经验看，用催化剂成品的机械强度数据来评价强度是远远不够的。因为催化剂受到机械破坏的情况是复杂多样的。首先，催化剂要能经受住搬运时的磨损；第二，要能经受住向反应器里装填时落下的冲击，或在沸腾床中催化剂颗粒间的相互撞击；第三，催化剂必须具有足够的内聚力，不会在使用时由于反应介质的作用，发生化学变化而破碎；第四，催化剂还必须能承受气流在床层的压力降、催化剂床层的重量，以及因床层和反应器的热胀冷缩所引起的相对位移等的作用等。由此看来，催化剂只有在强度方面也具有上述条件，才能保证整个操作的正常运转。

根据实践经验可认为，催化剂的工业应用，至少需要从抗压碎和抗磨损性能这两方面作出相对的评价。

（1）压碎强度　均匀施加压力到成型催化剂颗粒压裂为止所承受的最大负荷，称为催化剂压碎强度。大粒径催化剂或载体，如拉西环、直径大于 1cm 的锭片，可以使用单粒测试方法，以平均值表示。小粒径催化剂，最好使用堆积强度仪，测定堆积一定体积的催化剂样品在顶部受压下碎裂的程度。这是因为小粒径催化剂在使用时，有时可能百分之几的破碎就会造成催化剂床层压力降猛增而被迫停车，所以若干单粒催化剂的平均抗压碎强度并不重要。有关抗压强度的测定，可参阅相关资料。

（2）磨损性能　流动床用催化剂与固定床用催化剂有别，其强度主要应考虑磨损强度（表面强度）。至于沸腾床用催化剂，则应同时考虑其压碎强度和磨损强度。

催化剂磨损性能的测试，要求模拟其由摩擦造成的磨损。相关的方法也已发展多种，如用旋转磨损筒、空气喷射粉体催化剂使颗粒间及与器壁间摩擦产生细粉等方法。

近年中国在化肥催化剂中参照国外的方法，采用转筒式磨耗（磨损率）仪的较多。以后本法为其他类型的工业催化剂所借鉴。它所针对的原并不是沸腾床用催化剂，而是固定床用催化剂，不过这些催化剂的表面强度也很重要，例如氧化锌脱硫剂就是如此。转筒式磨耗仪是将一定量的待测催化剂放入圆筒形转动容器中，然后以筛出的粉末百分含量定为磨耗。这种磨耗仪的容器材质、尺寸、转速是规格化的，转速分几挡，转数自动计量和报停。

五、抗毒稳定性

有关催化剂应用性能的最重要的三大指标是活性、选择性和寿命。许多经验证明，工业催化剂寿命终结的最直接原因，除上述的机械强度以外，还有其抗毒性。

催化剂中毒本质上多为催化剂表面活性中心吸附了毒物，或进一步转化为较稳定的表面化合物，活性中心被钝化或被永久占据，从而降低了活性、选择性等催化性能。

一般而言，引起催化剂中毒的毒物主要有硫化物（如 H_2S、COS、CS_2、RSH、

R^1SR^2、噻吩、RSO_3H、H_2SO_4 等）、含氧化合物（如 O_2、CO、CO_2、H_2O 等）、含磷化合物、含砷化合物、含卤化合物、重金属化合物、金属有机化合物等。

催化剂对各种杂质有不同的抗毒性，同一种催化剂对同一种杂质在不同的反应条件下也有不同的抗毒性。评价和比较催化剂抗毒稳定性的方法如下。

① 在反应气中加入一定浓度的有关毒物，使催化剂中毒，而后换用纯净原料进行试验，视其活性和选择性能否恢复。若为可逆性中毒，可观察到一定程度的恢复。

② 在反应气中逐渐加入有关毒物至活性和选择性维持在给定的水准上，视能加入毒物的最高浓度。例如镍系烃类水蒸气转化催化剂一般可容许含硫 $0.5 \times 10^{-6} mg/m^3$ 的原料气。

③ 将中毒后的催化剂通过再生处理，视其活性和选择性恢复的程度。永久性（不可逆）中毒无法再生。

六、密度

工业固体催化剂常为多孔性的。催化剂的孔结构是其化学组成、晶体组成的综合反映，实际的孔结构相当复杂。一般而言，催化剂的孔容越大，则密度越小，催化剂组分中重金属含量越高，则密度越大。载体的晶相组成不同，密度也不相同。例如 $\gamma\text{-}Al_2O_3$、$\eta\text{-}Al_2O_3$、$\theta\text{-}Al_2O_3$、$\alpha\text{-}Al_2O_3$ 的密度就各不相同。

单位体积内所含催化剂的质量就是催化剂的密度。但是，因为催化剂是多孔性物质，成型的催化剂粒团的体积 V_p 应包含固体骨架体积 V_{sk} 和粒团内孔隙体积 V_{po}，当催化剂粒团堆积时，还存在粒团间孔隙体积 V_{sp}，所以，堆积催化剂的体积 V_c 应当是：

$$V_c = V_{sk} + V_{po} + V_{sp} \tag{2-5}$$

因此，在实际的密度测试中，由于所用或实测的体积不同，就会得到不同含义的密度。催化剂的密度通常分为三种，即堆密度、颗粒密度和真密度。

用量筒或类似容器测量催化剂的体积时所得的密度，即密实堆积的单位体积催化剂的质量称堆密度（亦称堆积密度、比堆积密度）。显然，这时的密度所对应的体积包括三部分：催化剂固体骨架体积 V_{sk}、催化剂粒团内孔隙体积 V_{po} 和催化剂粒团间孔隙体积 V_{sp}。若该体积所对应的催化剂质量为 m，则堆密度 ρ_c 为：

$$\rho_c = m/(V_{sk} + V_{po} + V_{sp}) \tag{2-6}$$

测定堆密度 ρ_c 时，通常是将催化剂放入量筒中拍打震实后测定的。

单个催化剂粒团的质量与其几何体积的比值定义为颗粒密度（亦称假密度），实际上很难准确测量单个成型催化剂粒团的体积，而是在测量堆体积时，扣除催化剂粒团与粒团之间的体积 V_{sp} 求得的密度，即：

$$\rho_{sp} = m/(V_{sk} + V_{po}) \tag{2-7}$$

测定颗粒密度 ρ_{sp} 时，可以先从实验中测出 V_{sp}，再从 V_c 中扣去 V_{sp} 得 $V_{sk} + V_{po}$。测定 V_{sp} 用汞置换法，因为常压下汞只能充满催化剂粒团之间的自由空间和进入颗粒孔半径大于 500nm 的大孔中，所以该种方法测算出的颗粒密度又称假密度。

单位固体骨架体积的催化剂质量称为真密度（亦称骨架密度），也就是当所测的体积仅是催化剂骨架的体积 V_{sk} 时，即 V_c 中扣去 $(V_{sp} + V_{po})$ 之后求得的密度，即：

$$\rho_{sk} = m/V_{sk} \tag{2-8}$$

测定时，用氦或苯来置换，可求得 $(V_{sp} + V_{po})$，因为氦（分子直径小于 0.2nm）或苯可以进入并充满粒团内孔隙和粒团间孔隙。

显然，三种密度间有下列关系：

$$\rho_c < \rho_{sp} < \rho_{sk}$$

第四节　催化剂催化作用基本原理

一、催化机理

虽然多相固体催化剂、均相配合物催化剂和酶催化剂这三类催化剂，其催化机理的本质和复杂性相差甚远，然而同作为催化剂，在不参与最终产物但参与中间过程的循环而起作用这一点上，三类催化剂都是共通的。简单地说，催化剂就是通过循环反应促使反应物转变成产物的。从以下数例对比中可以看出。

（1）SO_2 在 NO_2 催化作用下均相氧化制 SO_3

机理式：

$$2SO_2 + 2NO_2 \longrightarrow 2SO_3 + 2NO$$

$$O_2 + 2NO \longrightarrow 2NO_2$$

总反应式：　　　　$2SO_2 + O_2 \xrightarrow{NO_2} 2SO_3$　　　　　　　　　　　　　　（2-9）

（2）乙烯在钯-铜系多相催化剂作用下氧化合成乙醛

机理式：

$$C_2H_4 + PdCl_2 + H_2O \longrightarrow CH_3CHO + Pd^0 + 2HCl$$

$$Pd^0 + 2CuCl_2 \longrightarrow PdCl_2 + 2CuCl$$

$$2CuCl + \frac{1}{2}O_2 + 2HCl \longrightarrow 2CuCl_2 + H_2O$$

总反应式：$CH_2 \!=\! CH_2 + \frac{1}{2}O_2 \xrightarrow{PdCl_2\text{-}CuCl} CH_3CHO$　　　　　　（2-10）

（3）甲醇在可溶性铑配合物催化体系作用下羰基化反应合成醋酸

目前，工业上最佳的催化体系是将催化剂 $RhCl_3 \cdot 3H_2O$ 和助催化剂 HI 的水溶液溶于醋酸水溶液中配制而成的。

$$CH_3OH + CO \longrightarrow CH_3COOH \qquad\qquad (2\text{-}11)$$

本反应的总反应式相当简单，但反应机理甚为复杂，包括以下五步。

第一步：CH_3I 在 $[RhI_2(CO)_2]^-$ 上进行氧化加成，生成甲基铑中间物种。

$$[RhI_2(CO)_2]^- + CH_3I \longrightarrow [CH_3RhI_3(CO)_2]^-$$

第二步：CO 插入甲基—铑键之间。

$$[CH_3RhI_3(CO)_2]^- + CO \longrightarrow [CH_3CORhI_3(CO)_2]^{n-}_n \quad (n=1 \text{ 或 } 2)$$

第三步：H_2O 使甲酰基—铑键断开，生成铑的氢化物和醋酸。

$$[CH_3CORhI_3(CO)_2]^{n-}_n + H_2O \longrightarrow [HRhI_3(CO)_2]^- + CH_3COOH$$

第四步：铑的氢化物还原消除 HI，生成 $[RhI_2(CO)_2]^-$。

$$[HRhI_3(CO)_2]^- \longrightarrow HI + [RhI_2(CO)_2]^-$$

第五步：HI 和甲醇合成碘甲烷。

$$HI + CH_3OH \longrightarrow CH_3I + H_2O$$

由第五步生成的 CH_3I，再返回第一步参与反应，循环不已。而同时第一步的另一反应

物 [RhI$_2$(CO)$_2$]$^-$ 则是第四步的产物,同样循环。

(4) H$_2$O$_2$ 与另一还原物 AH$_2$(例如焦性没食子酸)在过氧化物酶 E 的催化下分解

机理式:

$$E + H_2O_2 \longrightarrow E—H_2O_2$$

$$E—H_2O_2 + AH_2 \longrightarrow E + A + 2H_2O$$

总反应式: $\quad H_2O_2 + AH_2 \xrightarrow{E} A + 2H_2O \quad$ (2-12)

式中,E—H$_2$O$_2$ 是氧化酶与 H$_2$O$_2$ 首先生成的活性中间物种。这种中间物种,在与另一底物反应时分解再生为过氧化物酶 E。E—H$_2$O$_2$ 的客观存在经物理表征得以证实。

二、催化活性与活化能

与对应的非催化反应相比,催化反应的速率加快,这是上述三类催化剂的主要共性。

由反应速度方程阿伦尼乌斯(Arrhenius)关系式 $k = k_0 \exp(-E/RT)$ 知,当其他条件(频率因子 k_0,温度 T)一定时,反应速率是活化能 E 的函数。反应分子在反应过程中克服各种障碍,变成一种活化体,进而转化为产物分子所需的能量,称为活化能。通常,催化反应所要求的活化能 E 越小,则此催化剂的活性越高,亦即其所加速的反应速率就越快。

研究证明:催化剂之所以具有催化活性,是由于它能够降低所催化反应的活化能;而它之所以能够降低活化能,则又是由于在催化剂的存在下,改变了非催化反应的历程所致。在这一点上,多相催化剂、均相催化剂和酶催化剂都是一致的。

以重要的工业合成氨反应式为例:

$$N_2 + 3H_2 \Longleftrightarrow 2NH_3 \quad (2\text{-}13)$$

氮和氢分子在均相体系中要按上式化合,如无催化剂存在时,反应速率极慢,若使其原料分子内的化学键断裂而生成反应性的碎片,需要大量的能量,其对应的活化能经测定为 238.5kJ/mol。对这两种碎片,经计算求得,其相结合的概率甚小,因而,在较温和的条件之下,自发地生成氨是不可能的。然而,当催化剂存在时,通过它们与催化剂表面间的反应,促使反应物分子发生分解等一系列反应:

$$H_2 \longrightarrow 2H_a$$
$$N_2 \longrightarrow 2N_a$$

$$N_a + H_a \longrightarrow NH_a$$
$$NH_a + H_a \longrightarrow (NH_2)_a$$
$$(NH_2)_a + H_a \longrightarrow (NH_3)_a$$
$$(NH_3)_a \longrightarrow NH_3$$

在上述各步中,速度控制步骤是第二步 N$_2$ 的分解反应,它仅需 52kJ/mol 的活化能。由此带来的反应速率增加极为巨大。在 500℃时,将多相催化与均相催化合成氨反应的速率相比,前者为后者的 3×10^{13} 倍,如图 2-5 所示。

其实,上述实例中显示出的是一种普遍的规律,其他实例如表 2-7 所示。

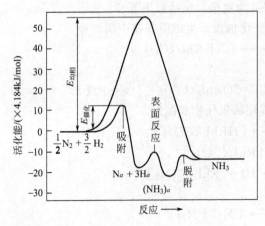

图 2-5 合成氨反应中的历程和能量变化

表 2-7　某些反应在不同催化剂上的活化能

反　　应	催化剂	活化能/(kJ/mol)	反　　应	催化剂	活化能/(kJ/mol)
HO 分解	无	75.1	醋酸丁酯水解	H^+	66.9
	Fe^{2+}	41		OH^-	42.6
	过氧化氢酶	<8.4		乙酯酶	18.8
尿素水解	H^+	103			
	脲酶	28			

　　特别值得注意的是，酶作为一种高效催化剂，与一般均相或多相的化学催化剂相比较，它可以使反应活化能降低更大的幅度，如图 2-6 所示。由于反应速率与活化能为指数函数关系，所以活化能的降低对反应的增加影响很大，故酶的催化效率比一般催化剂高得多，同时还能够在温和的条件下充分地发挥其催化功能。

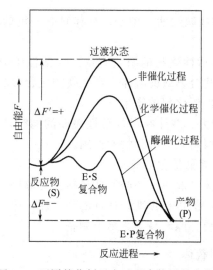

图 2-6　不同催化剂反应过程中能量的变化

第五节　催化剂载体

　　载体用于催化剂的制备上，最初的目的是为了增加催化活性物质的比表面积，也为了节约贵重材料（如 Pd、Pt、Au 等）的消耗，即将贵重金属分散负载在体积松散的物体上，以替代整块金属材料使用；另一个目的是使用强度较大的载体可以提高催化剂的耐磨及抗冲击强度。所以，初始的载体是碎砖、浮石及木炭等，只从物理机械性能及价格低等方面加以考虑，而后在应用过程中发现，不同材料的载体、来源于不同产地或由不同方法制备的载体，均会使催化剂的性能产生很大差异，故才开始重视对载体的选择、制备并进行深入的研究。

一、载体的分类

　　按照载体的来源划分，载体可分为天然载体和人工合成载体。天然载体包括浮石、硅藻土、白土、膨润土、铁钒土、刚玉、石英、石棉纤维等，但是天然载体产地不同，性质上会有很大差异，而且其比表面积及细孔结构有限，往往还夹带一定量的杂质，所以天然载体的使用受到一定程度的限制。人工合成载体包括活性氧化铝、分子筛、活性炭、硅胶、硅铝胶、碳化硅等，目前工业催化剂所用的载体大部分为人工合成载体，但有时为了降低成本或某种性能的需要，在合成时也会混入一定量的天然物质。

按照比表面积的大小划分，可将载体分为低比表面、高比表面及中等比表面三类。中等者，以 $1\sim50m^2/g$ 或 $1\sim100m^2/g$ 界定其上下限。常见载体的比表面积见表2-2。

二、载体的作用

载体在固体催化剂中所起的作用主要有以下一些方面。

① 增加有效表面并提供合适的孔结构。反应用有效表面及孔结构（孔容、孔径、孔径分布）是影响催化活性和选择性的重要因素。

② 提高催化剂的抗破碎强度。使催化剂颗粒能抗摩擦，承受冲击、受压以及因温度、压力变化或相变而产生的各种应力。

③ 提高催化剂的热稳定性。活性组分负载于载体上，可使活性组分微晶分散，防止聚集而烧结。

④ 提供反应所需的酸性或碱性活性中心。载体具有一定的酸碱结构，可提供反应所需的酸性、碱性或中性。

⑤ 与活性组分作用形成活性更高的新化合物。即活性组分（如金属或金属氧化物等）与载体相互作用，形成新的化合物或固溶体，产生新的化合形态及结晶结构，从而引起催化活性的变化，此时载体兼具助催化剂的作用。

⑥ 增加催化剂的抗毒能力。载体在增加活性表面的同时，可以有效降低活性组分对毒物的敏感性，而且载体还有吸附和分解毒物的作用。

⑦ 节省活性组分用量，降低催化剂成本。

因此，理想的催化剂载体一般应具备的特性包括：适应特定反应的形状结构，足够的比表面积及适宜的孔结构，足够的机械强度，良好的稳定性，适宜的热导率和堆积密度，不含有足以引起催化剂中毒的杂质，原料易得，易于制备。

三、几种常用的催化剂载体

1. 氧化铝载体

用作催化剂载体的多孔性氧化铝（以及直接用作催化剂或用作吸附剂的多孔性氧化铝），一般又称为"活性氧化铝"。

氧化铝是人工合成载体中使用最为广泛的一种，它具有抗破碎强度高，比表面积适中，孔径和孔率大小可调节等特点。

（1）氧化铝的晶型　氧化铝（Al_2O_3）共有八种晶体形态，即 α-Al_2O_3、γ-Al_2O_3、δ-Al_2O_3、θ-Al_2O_3、κ-Al_2O_3、ρ-Al_2O_3、χ-Al_2O_3、η-Al_2O_3。它们的密度、孔结构、比表面积各异。

氧化铝一般由氢氧化铝加热脱水得到，所以氢氧化铝是氧化铝的"母体"。氢氧化铝又称水合氧化铝、含水氧化铝、氧化铝水合物等，其化学组成为：$Al_2O_3 \cdot nH_2O$。氢氧化铝包括三水氧化铝 $Al(OH)_3$ [主要有 α-$Al(OH)_3$、β_1-$Al(OH)_3$、β_2-$Al(OH)_3$ 三种变体] 和一水氧化铝 $AlOOH$（主要有 α-$AlOOH$、β-$AlOOH$ 两种变体）。

在不同温度、压力等条件下，不同变体的氢氧化铝经脱水可以得到不同晶型的 Al_2O_3，但在高温下（1200℃以上）均转化成稳定的 α-Al_2O_3。例如：

$$\alpha\text{-}AlOOH \longrightarrow \gamma\text{-}Al_2O_3\,(450℃)/\delta\text{-}Al_2O_3\,(900℃)/\theta\text{-}Al_2O_3\,(1050℃)/\alpha\text{-}Al_2O_3\,(1200℃)$$

$$\beta_2\text{-}Al(OH)_3 \longrightarrow \rho\text{-}Al_2O_3\,(230℃)/\eta\text{-}Al_2O_3\,(600℃)/\longrightarrow \theta\text{-}Al_2O_3\,(850℃)/\alpha\text{-}Al_2O_3\,(1200℃)$$

其中，过渡形态 γ-Al_2O_3（比表面积 $90\sim100m^2/g$）、η-Al_2O_3（比表面积 $300\sim500m^2/g$）等具有酸性功能及特殊的孔结构，是使用量最大的一类催化剂载体，也常用来作催化剂或复合催化剂的成分；终态 α-Al_2O_3（比表面积小于 $1m^2/g$）基本上属于惰性物质，耐热性好，常用于高温及外扩散控制的催化反应。

（2）氧化铝载体的工业制备　绝大部分氧化铝和金属铝均是由提纯的铝土矿经拜耳法制得的，由拜耳法所得的氢氧化铝可经过四种由简而繁的不同工艺制得氧化铝载体，即快速焙烧脱水法（快脱法）、铝酸盐酸化法、铝盐中和法和醇化物水解法，其工艺过程如图 2-7 所示。

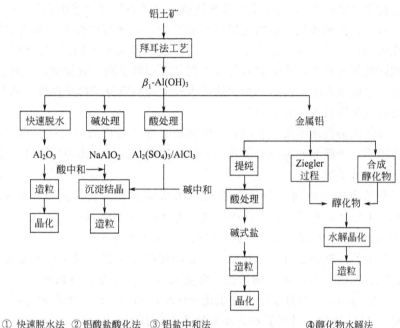

① 快速脱水法　② 铝酸盐酸化法　③ 铝盐中和法　　　④醇化物水解法

图 2-7　制备氧化铝载体的主要工艺过程

（3）氧化铝载体的改性　添加某些无机物可改善氧化铝载体的热稳定性，提高抗破碎强度，控制载体的孔结构，甚至改善其催化活性，这些物质就称为氧化铝载体的改性剂。

常用的改性剂有二氧化硅、稀土氧化物、氧化钡、氧化硼、二氧化钛等。

例如，南化公司催化剂厂用混胶法生产 $TiO_2 \cdot Al_2O_3$ 载体的基本工艺过程如下所示：

铝盐、钛盐、沉淀剂→中和成胶→过滤洗涤→挤条成型→烘干→焙烧→$TiO_2 \cdot Al_2O_3$ 载体

（4）氧化铝载体的孔结构控制　氧化铝载体的孔结构控制主要有三种途径。

① 控制氢氧化铝的晶粒大小。由于氧化铝载体是通过氢氧化铝高温（烘干、焙烧）脱水制得的，所以氢氧化铝的晶粒大小直接影响氧化铝的晶粒大小，最终影响氧化铝的孔结构。

例如，薄水铝石 α-$AlOOH$ 晶粒分别约为 $50Å$、$100Å$、$150Å$ 和 $200Å$（$1Å = 0.1nm = 10^{-10}m$）时，比表面积分别约为 $345m^2/g$、$234m^2/g$、$72m^2/g$ 和 $50m^2/g$，焙烧后 Al_2O_3 比表面积分别为 $339m^2/g$、$287m^2/g$、$278m^2/g$ 和 $223m^2/g$。

② 沉淀时加入水溶性的有机聚合物造孔剂。沉淀时加入水溶性的有机聚合物，成型后焙烧，聚合物燃烧变成气体，使得孔隙贯通，孔隙率增大。因此，可以通过选择有机聚合物

的类型并控制其加入量，从而控制孔径大小及其分布。

例如，分子量范围为 400~20000、浓度为 10.0%~37.5%的聚乙二醇或聚环氧乙烷，可使 Al_2O_3 孔容从 0.50mL/g 扩大到 1.44mL/g，比表面可达 250~300m^2/g。

③ 成型时加入干凝胶、炭粉、表面活性剂等造孔剂。例如，在含水铝凝胶中加入一定量干凝胶，然后挤压成型，再干燥、焙烧。与不加干凝胶相比，所得 Al_2O_3 的孔容可从 0.45mL/g 增至 1.61mL/g。

2. 分子筛载体

自然界中，某些网状结构的硅酸盐类晶体矿物加热时，会产生熔融和类似起泡沸腾的现象，这种现象称作"膨胀"，并将这类晶体矿物称为"沸石"或"泡沸石"。

沸石是一种含水的碱或碱土金属的铝硅酸盐矿物，它含有结合水（沸石水），加热时结合水会连续地失去，但晶体骨架结构不变，从而形成许多大小不同的"空腔"，空腔之间又有许多直径相同的微孔相连，孔道直径与分子直径大小属于同一数量级，因而它能将比孔道直径小的物质分子吸附在空腔内部，把比孔道直径大的物质分子排斥在外，从而起到筛分子的作用，故称这类沸石为"分子筛"。

具有分子筛作用的物质不仅仅是沸石，但沸石是应用最广的分子筛。因此，严格地讲，分子筛可分为沸石分子筛和非沸石分子筛（如微孔玻璃、炭分子筛等）两类。主要介绍沸石分子筛，以下简称分子筛。

（1）分子筛的组成与结构　分子筛的化学组成实验式为：$M_{2/n}O \cdot Al_2O_3 \cdot xSiO_2 \cdot yH_2O$，其中：M 为金属离子，人工合成时通常为 Na；$n$ 为金属离子的价数；x 为 SiO_2 的分子数，即 SiO_2/Al_2O_3 的摩尔比，称为硅铝比；y 为水的分子数。

分子筛的耐酸性、热稳定性及催化性能都会随硅铝比 x 值不同而有所变化。一般来讲，耐酸性和热稳定性都随 x 值的增大而增强。常见的 A 型分子筛的硅铝比 $x=2$，X 型分子筛的硅铝比 $x=2.1~3.0$，Y 型分子筛的硅铝比 $x=3.1~6.0$，丝光沸石的硅铝比 $x=9~11$。此外，金属离子 M 不同时，其微孔的大小和性质也会有所差异。

分子筛最基本的结构是由硅氧四面体和铝氧四面体所组成，四面体可通过氧桥互相连接成三维空间的多面体（笼），并进一步排列构成分子筛的骨架结构。分子筛的这种笼形孔洞骨架结构，在脱水后形成很高的内表面积，使得分子筛具有特殊的吸附性能，它可以按分子的大小和形状选择性吸附，也可以按分子的极性大小、不饱和程度和极化率进行选择性吸附。

（2）分子筛的合成　以水玻璃（Na_2SiO_3）和偏铝酸钠（$NaAlO_2$）为原料制备硅铝分子筛的基本化学过程为：

$$NaAlO_2 + Na_2SiO_3 + NaOH \xrightarrow[\text{成胶}]{20℃} [Na_a(AlO_2)_b(SiO_2)_c \cdot NaOH \cdot H_2O]凝胶$$

$$\xrightarrow[\text{晶化}]{20~175℃} Na_{p/n}[(AlO_2)_p(SiO_2)_q \cdot yH_2O] + 母液$$

成胶：一定比例的 Na_2SiO_3 和 $NaAlO_2$ 在相当高的 pH 值水溶液中形成碱性硅铝凝胶。

晶化：在适当温度及相应饱和水蒸气压力下，处于过饱和状态的硅铝凝胶转化为晶体。

（3）分子筛载体的特点　分子筛作为催化剂载体有其重要的特点：分子筛均匀分布的微孔可对反应物分子产生高度的几何选择性；它具有广阔的内部空间和巨大的比表面积（300~1000m^2/g）；它通过离子交换的方式负载活性组分，负载在其表面的活性金属经还原后具有极高的分散度，提高了活性组分的利用率，并增强了其抗毒性能。

3. 活性炭载体

工业上，将木材或煤干馏，以制取具有一定形状且有较高吸附性能的炭，这种炭称为活性炭。

活性炭的主要成分是碳，此外还含有少量的 H、O、N、S 和灰分。

活性炭具有不规则的石墨结构。天然石墨的比表面积仅为 $0.1\sim20m^2/g$，而活性炭的比表面积要大得多，因所用原料和制备方法不同而异，如木材活性炭为 $300\sim900m^2/g$，泥煤活性炭为 $350\sim1000m^2/g$，煤活性炭为 $300\sim1000m^2/g$，果壳活性炭为 $700\sim1500m^2/g$，石油针状焦炭达 $1500\sim3000m^2/g$。

活性炭是一种优良的吸附剂，也常用作催化剂载体。例如，汽车尾气净化装置采用的就是颗粒状活性炭（喷涂）负载的 Cu/Ni 金属催化剂，它不但可以将 CO 催化转化成 CO_2，而且还可以吸附尾气中喷出的铅离子。

磷酸法生产活性炭的工艺过程如下：

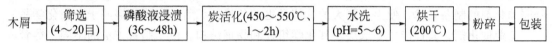

木屑 → 筛选(4～20目) → 磷酸液浸渍(36～48h) → 炭活化(450～550℃，1～2h) → 水洗(pH=5～6) → 烘干(200℃) → 粉碎 → 包装

炭活化是磷酸分解失去水分变成焦磷酸的过程，焦磷酸沾在表层和底层炭的表面，使炭结块，其吸着力很强。

思 考 题

1. 关于催化剂的基本性能：
(1) 什么是催化剂的活性？它通常有哪几种表示方法？
(2) 试分别解释转化率、选择性和收率的含义。三者有何关系？
(3) 什么是催化剂的失活？引起失活的原因通常有哪些？
2. 多相固体催化剂通常包括哪几个组成部分？它们各有何作用？
3. 试分别解释固体催化剂比表面积和比孔容积的含义。
4. 固体催化剂的体积由哪几个部分组成？并分别解释堆密度、颗粒密度和真密度的含义。
5. 催化剂载体主要有哪些作用？
6. 氧化铝载体的孔结构控制主要有哪三种途径？
7. 沸石分子筛作为催化剂载体有何重要特点？

第三章 工业催化剂制造方法

【学习目标】 了解固体催化剂常用的制备方法及其发展趋势，掌握沉淀法、浸渍法、混合法、热熔融法和离子交换法的基本原理、操作过程以及典型的生产实例。

研究催化剂的制造方法，具有极为重要的现实意义。一方面，与所有化工产品一样，要从制备、性质和应用这三个基本方面来对催化剂加以研究；另一方面，工业催化剂又不同于绝大多数以纯化学品为主要形态的其他化工产品。催化剂（尤其是固体催化剂）多数有较复杂的化学组成和物理结构，并因此形成千差万别的品种系列、纷繁用途以及专利特色。因此研究催化剂的制备技术，便会有更大的价值及更多的特色，而不可简单混同于通用化学品。

工业催化剂，其性能主要取决于其化学组成和物理结构。由于制备方法的不同，尽管成分、用量完全相同，所制出的催化剂的性能仍可能有很大的差异。在科学技术发达的今天，厂家要对其工业催化剂的化学组成保守商业秘密已是相当困难的事。只要获得少量的工业催化剂样品，用不太长的时间，用户就会比较容易弄清其主要化学成分和基本物理结构，然而却往往并不能据此轻易仿造好该种催化剂。因为，其制造技术的许多诀窍，并不是通过其组成化验之后，就可以轻易"一目了然"的。这正是一切催化剂发明的关键和困难所在。如果说，今日化工产品的发明和创新大多数要取决于其相关催化剂的发明和创新的话，那么也就可以说，催化剂的发明和创新，首要和核心的便是催化剂制造技术的发明和创新。

在化学工业中，可以用作催化剂的材料很多。以无机材质为主的固体非均相催化剂，包括金属、金属氧化物、硫化物、酸、碱、盐以及某些天然原料；以分子筛等复盐为代表的无机离子交换剂和离子交换树脂等有机离子交换剂，也是这类催化剂的常用材料；以金属有机化合物为代表的均相配合物催化剂，是目前新型的另一大类催化剂；以酶为代表的生物催化剂在化工领域的研究和应用，近年也有了长足的进展。不同形态的催化剂，需要不同的制备方法。

在催化剂生产和科学研究实践中，通常要用到一系列化学的、物理的和机械的专门操作方法来制备催化剂。换言之，催化剂制备的各种方法，都是某些单元操作的组合。例如，固体催化剂的制备大致采用如下某些单元操作：溶解、熔融、沉淀（胶凝）、浸渍、离子交换、洗涤、过滤、干燥、混合、成型、焙烧和还原等。

针对固体多相催化剂的各种不同制造方法，人们习惯上把其中关键而有特色的操作单元的名称，定为各种工业催化剂制备方法的名称。据此分类，目前工业固体催化剂的几种主要传统制造方法包括沉淀法、浸渍法、混合法、离子交换法以及热熔融法等。

本章简介工业催化剂的若干基本制造方法，以目前应用最广的固体多相催化剂的传统制法为主，兼及各种催化剂制造方法的新发展。

第一节 沉 淀 法

沉淀法是以沉淀操作作为其关键和特殊步骤的制造方法，是制备固体催化剂最常用的方法之一，广泛用于制备高含量的非贵金属、金属氧化物、金属盐催化剂或催化剂载体。

沉淀法的一般操作是在搅拌的情况下把碱类物质（沉淀剂）加入到金属盐类的水溶液中，再将生成的沉淀物洗涤、过滤、干燥和焙烧，制造出所需的催化剂前驱物。在大规模的生产中，金属盐制成水溶液，是出于经济上的考虑，在某些特殊情况下，也可以用非水溶液，例如酸、碱或有机溶剂的溶液。沉淀法的关键设备一般是沉淀槽，其结构如一般的带搅拌的釜式反应器。以沉淀一步为核心，沉淀法的各步操作流程如图 3-1 所示。

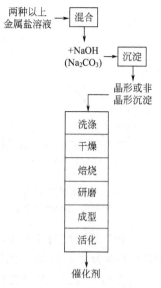

图 3-1　沉淀法的操作流程

一、沉淀法分类

随着催化实践的进展，沉淀的方法已由单组分沉淀法发展到多组分共沉淀法、均匀沉淀法、超均匀共沉淀法、浸渍沉淀法和导晶沉淀法等。

（1）单组分沉淀法　即通过沉淀剂与一种待沉淀组分作用以制备单一组分沉淀物的方法。这是催化剂制备中最常用的方法之一。由于沉淀物只含一个组分，操作不太困难，所以它可以用来制备非贵金属的单组分催化剂或载体。如与机械混合和其他操作单元组合使用，又可用来制备多组分催化剂。

氧化铝是常见的催化剂载体。氧化铝晶体可以形成 8 种变体，如 $\gamma\text{-}Al_2O_3$、$\eta\text{-}Al_2O_3$、$\alpha\text{-}Al_2O_3$ 等。为了适应催化剂或载体的特殊要求，各类氧化铝变体，通常由相应的水合氧化铝加热失水而得。文献报道的水合氧化铝制备实例甚多，但其中属单组分沉淀法的占绝大多数，并被分为酸法与碱法两大类。

酸法以碱为沉淀剂，从酸化铝盐溶液中沉淀水合氧化铝。酸法制取氧化铝的工艺过程如下：

$$铝土矿 \xrightarrow{初步提纯} Al(OH)_3 \xrightarrow[酸处理]{H_2SO_4\ 或\ HCl} Al_2(SO_4)_3/AlCl_3 \xrightarrow[沉淀]{NaOH} Al_2O_3 \cdot nH_2O \downarrow \xrightarrow[焙烧]{脱水} Al_2O_3$$

$$沉淀反应 \qquad Al^{3+} + OH^- \longrightarrow Al_2O_3 \cdot nH_2O \downarrow \qquad\qquad (3\text{-}1)$$

碱法则以酸为沉淀剂，从偏铝酸盐溶液中沉淀水合物，所用的酸包括 HNO_3、HCl、CO_2 等。碱法制取氧化铝的工艺过程如下：

$$铝土矿 \xrightarrow{初步提纯} Al(OH)_3 \xrightarrow[碱处理]{NaOH} NaAlO_2 \xrightarrow[沉淀]{HNO_3} Al_2O_3 \cdot nH_2O \downarrow \xrightarrow[焙烧]{脱水} Al_2O_3$$

$$沉淀反应 \qquad AlO_2^- + H_3O^+ \longrightarrow Al_2O_3 \cdot nH_2O \downarrow \qquad\qquad (3\text{-}2)$$

（2）共沉淀法（多组分共沉淀法）　共沉淀法是将催化剂所需的两个或两个以上组分同时沉淀的一种方法。本法常用来制备高含量的多组分催化剂或催化剂载体。其特点是一次可以同时获得几个催化剂组分，而且各个组分之间的比例较为恒定，分布也比较均匀。如果组分之间能够形成固溶体，那么分散度和均匀性则更为理想。共沉淀法的分散性和均匀性好，是它较之于混合法等的最大优势。

典型的共沉淀法，如低压合成甲醇用的 $CuO\text{-}ZnO\text{-}Al_2O_3$ 三组分催化剂为典型实例。将给定比例的 $Cu(NO_3)_2$、$Zn(NO_3)_2$ 和 $Al(NO_3)_3$ 混合盐溶液与 Na_2CO_3 并流加入沉淀槽，在强烈搅拌下，于恒定的温度与近中性的 pH 值下，形成三组分沉淀。沉淀经洗涤、干燥与焙烧后，即为该催化剂的先驱物。

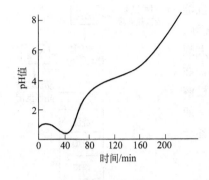

图 3-2　尿素水解过程中 pH
值随时间的变化曲线

$$\begin{array}{l}
Cu(NO_3)_2 \\
Zn(NO_3)_2 \\
Al(NO_3)_2
\end{array}
\xrightarrow[\text{共沉淀}]{Na_2CO_3}
\begin{array}{l}
CuO \cdot aH_2O \downarrow \\
ZnO \cdot bH_2O \downarrow \\
Al_2O_3 \cdot cH_2O \downarrow
\end{array}
\xrightarrow[\text{焙烧}]{\text{脱水}}
\begin{array}{l}
CuO \\
ZnO \\
Al_2O_3
\end{array}$$

（3）均匀沉淀法　单组分沉淀法和共沉淀法在操作过程中，难免会出现沉淀剂与待沉淀组分的混合不均匀、沉淀颗粒粗细不等、杂质带入较多等现象。均匀沉淀法则能克服此类缺点。均匀沉淀法不是把沉淀剂直接加入到待沉淀溶液中，也不是加沉淀剂后立即产生沉淀，而是首先使待沉淀金属盐溶液与沉淀剂母体充分混合，预先造成一种十分均匀的体系，然后调节温度和时间，逐渐提高 pH 值（见图 3-2），或者在体系中逐渐生成沉淀剂等方式，创造形成沉淀的条件，使沉淀缓慢进行，以制得颗粒十分均匀而且比较纯净的沉淀物。例如，为了制取氢氧化铝沉淀，可在铝盐溶液中加入尿素溶化其中，混合均匀后，加热升温到 90～100℃，此时溶液中各处的尿素同时水解，释放出 OH⁻。

$$(NH_2)_2CO + 3H_2O \xrightarrow{90 \sim 100℃} 2NH_4^+ + 2OH^- + CO_2 \uparrow \tag{3-3}$$

于是氢氧化铝沉淀即在整个体系内均匀而同步地形成。尿素的水解速度随温度的改变而改变，调节温度可以控制沉淀反应在所需要的 OH⁻ 浓度下进行。

均匀沉淀不限于利用中和反应，还可以利用酯类或其他有机物的水解、配合物的分解或氧化还原等方式来进行。除尿素外，均匀沉淀法常用的类似沉淀母体如表 3-1 所示。

表 3-1　均匀沉淀法常用的类似沉淀母体

沉淀剂	母　体	化　学　反　应
OH⁻	尿素	$(NH_2)_2CO + 3H_2O \longrightarrow 2NH_4^+ + 2OH^- + CO_2 \uparrow$
PO_4^{3-}	磷酸三甲酯	$(CH_3)_3PO_4 + 3H_2O \longrightarrow 3CH_3OH + H_3PO_4$
$C_2O_4^{2-}$	尿素与草酸二甲酯或草酸	$(NH_2)_2CO + 2HC_2O_4^- + H_2O \longrightarrow 2NH_4^+ + 2C_2O_4^{2-} + CO_2 \uparrow$
SO_4^{2-}	硫酸二甲酯	$(CH_3)_2SO_4 + 2H_2O \longrightarrow 2CH_3OH + 2H^+ + SO_4^{2-}$
SO_4^{2-}	磺酰胺	$NH_2SO_3H + H_2O \longrightarrow NH_4^+ + H^+ + SO_4^{2-}$
S^{2-}	硫代乙酰胺	$CH_3CSNH_2 + H_2O \longrightarrow CH_3CONH_2 + H_2S$
S^{2-}	硫脲	$(NH_2)_2CS + 4H_2O \longrightarrow 2NH_4^+ + 2OH^- + CO_2 \uparrow + H_2S \uparrow$
CrO_4^{2-}	尿素与 $HCrO_4^-$	$(NH_2)_2CO + 2HCrO_4^- + H_2O \longrightarrow 2NH_4^+ + CO_2 + 2CrO_4^{2-}$

当使用过量氢氧化铵作用于镍、铜或钴离子时，在室温条件下，会发生沉淀重新溶解形成可溶性金属配合物的现象。而配合物离子溶液加热或 pH 值降低时，又会产生沉淀。这种配合沉淀的方法，也可归于均匀沉淀一类，使用也较广泛。

（4）超均匀共沉淀法　超均匀共沉淀法也是针对单组分沉淀法、共沉淀法等制法中，所得沉淀粒度大小和组分分布不够均匀等缺点而提出的。这些粒子分布之所以不够均匀，其原因在于它们在逐渐加料中先后形成沉淀时，相互间有不可避免的时间差和空间差，其形成历程中的反应时间、pH 值、温度、浓度也有不可避免的差异。前述均匀沉淀法在克服这种差异方面已有所突破，而超均匀共沉淀法则更进了一步。

超均匀共沉淀法的基本原理是将沉淀操作分成两步进行。首先制成盐溶液的悬浮层，并将这些悬浮层（一般是 2～3 层）立即瞬间混合成为过饱和的均匀溶液；然后由过饱和溶液得到超均匀的沉淀物。两步操作之间所需的时间，随溶液中的组分及其浓度而不同，通常需要数秒钟或数分钟，少数情况下也有用数小时的。这个时间是沉淀的引发期。在此期间，所得超饱和溶液处于不稳定状态，直到形成沉淀的晶核为止。瞬间立即混合是本法的关键操作。它可防止形成不均匀的沉淀。例如用超均匀共沉淀法制备硅酸镍催化剂时，可先将硅酸钠溶液（密度为 1.3g/mL）放到混合器底部，然后将 20% 的硝酸钠溶液（密度为 1.2g/mL）放于其上，最后，将含硝酸镍和硝酸的溶液（密度为 1.1g/mL）慢慢倒在前两种液层之上（在容器中形成三层）。之后立即开动搅拌机，使之成为过饱和溶液。放置数分钟至几小时，最终可形成均匀的水凝胶或胶冻。用分离方法将水凝胶自母液中分出，或将胶冻破碎成小块。得到的水凝胶经水洗、干燥和焙烧，即得所需催化剂先驱物。这样制得的硅酸镍催化剂，同一般由氢氧化镍和水合硅胶机械混合而得的催化剂，在结构和性能上是大不相同的。其原因在于，"立即混合"的操作大大缩小了沉淀历程中的时间差和空间差。苯选择加氢制环己烷的 Ni/SiO_2 催化剂，若以超均匀共沉淀法制备，则可以使苯选择加氢为环己烷，但又不使苯中 C—C 键断裂，比其他方法制备的催化剂具有更高的活性和选择性。

（5）浸渍沉淀法　浸渍沉淀法是在普通浸渍法的基础上辅以沉淀法发展起来的一种新方法，即待盐溶液浸渍操作完成之后，再加沉淀剂，而使待沉淀组分沉积在载体上。这将在以后介绍。

（6）导晶沉淀法　导晶沉淀法是借助晶化导向剂（晶种）引导非晶型沉淀转化为晶型沉淀的快速而有效的方法。近年它普遍用来制备以廉价易得的水玻璃为原料的高硅钠型分子筛，包括丝光沸石、Y 型合成分子筛与 X 型合成分子筛。分子筛催化剂的晶形和结晶度至关重要，而利用结晶学中预加少量晶种引导结晶快速完整形成的规律，可简便有效地解决这一难题。

二、沉淀操作原理和技术要点

一般而言，沉淀法的生产流程较长，操作步骤较多（包括溶解、沉淀、洗涤、干燥、焙烧等步骤），影响因素复杂，常使沉淀法的制备重复性欠佳。

与沉淀操作各步骤有关的操作原理和技术要点，扼要讨论如下。其中若干原理原则上也适用于除沉淀法以外的其他方法中的相同操作。

（1）金属盐类和沉淀剂的选择　一般首选硝酸盐来提供无机催化剂材料所需的阳离子，因为绝大多数硝酸盐都可溶于水，并可方便地由硝酸与对应的金属或其氧化物、氢氧化物、碳酸盐等反应制得。两性金属铝，除可由硝酸溶解而外，还可由氢氧化钠等强碱溶解其氧化物而阳离子化。

金、铂、钯、铱等贵金属不可溶于硝酸，但可溶于王水。溶于王水的这些贵金属，在加热驱赶硝酸后，得相应氯化物。这些氯化物的浓盐酸溶液，即为对应的氯金酸、氯铂酸、氯钯酸和氯铱酸等，并以这种特殊的形态，提供对应的阳离子。氯钯酸等稀贵金属溶液，常用于浸渍沉淀法制备负载催化剂。这些溶液先浸入载体，而后加碱沉淀。在浸渍-沉淀反应完成后，这些贵金属阳离子转化为氢氧化物而被沉淀；而氯离子则可被水洗去。金属铼的阳离子溶液来自高铼酸。

最常用的沉淀剂是 NH_3、$NH_3 \cdot H_2O$ 以及 $(NH_4)_2CO_3$ 等铵盐。因为它们在沉淀后的洗涤和热处理时易于除去而不残留；而若用 KOH 或 NaOH 时，要考虑到某些催化剂不希望有 K^+ 或 Na^+ 存留其中，且 KOH 价格较贵。但若允许，使用 NaOH 或 Na_2CO_3 来提供 OH^-、CO_3^{2+}，一般也是较好的选择。特别是后者，不但价廉易得，而且常常形成晶体沉淀，易于洗净。

此外，下列的若干原则亦可供选择沉淀时参考。

① 尽可能使用易分解挥发的沉淀剂。前述常用的沉淀剂如氨气、氨水和铵盐（如碳酸铵、醋酸铵、草酸铵）、二氧化碳和碳酸盐（如碳酸钠、碳酸氢铵）、碱类（如氢氧化钠、氢氧化钾）以及尿素等，在沉淀反应完成之后，经洗涤、干燥和焙烧，有的可以被洗涤除去（如钠离子、硫酸根离子），有的能转化为挥发性的气体而逸出（如 CO_2、NH_3、H_2O），一般不会遗留在催化剂中，这为制备纯度高的催化剂创造了有利条件。

② 形成的沉淀物必须便于过滤和洗涤。沉淀可以分为晶形沉淀和非晶形沉淀，晶形沉淀中又细分为粗晶和细晶。晶形沉淀带入的杂质少，也便于过滤和洗涤，特别是粗晶粒。可见，应尽量选用能形成晶形沉淀的沉淀剂。上述那些盐类沉淀剂原则上可以形成晶形沉淀。而碱类沉淀剂，一般都会生成非晶形沉淀，非晶形沉淀难于洗涤过滤，但可以得到较细的沉淀粒子。

③ 沉淀剂的溶解度要大。溶解度大的沉淀剂，可能被沉淀物吸附的量较少，洗涤脱除残余沉淀剂等也较快。这种沉淀剂可以制成较浓溶液，沉淀设备利用率高。

④ 沉淀物的溶解度应很小。这是制备沉淀物最基本的要求。沉淀物溶解度越小，沉淀反应越完全，原料消耗量越少。这对于钼、镍、银等贵重或比较贵重的金属特别重要。

⑤ 沉淀剂必须无毒。即沉淀剂不应造成环境污染。

(2) 沉淀形成的影响因素

① 浓度。在溶液中生成沉淀的过程是固体（即沉淀物）溶解的逆过程，当溶解和生成沉淀的速度达到动态平衡时，溶液达到饱和状态。溶液中开始生成沉淀的首要条件之一，是其浓度超过饱和浓度。溶液浓度超过饱和浓度的程度称为溶液的过饱和度。形成沉淀时所需要达到的过饱和度，目前只能根据大量实验来估计。

对于晶形沉淀，应当在适当稀的溶液中进行沉淀反应。这样，沉淀开始时，溶液的过饱和度不至于太大，可以使晶核生成的速度降低，因而有利于晶体长大。

对于非晶形沉淀，宜在含有适当电解质的较浓的热溶液中进行沉淀。由于电解质的存在，能使胶体颗粒胶凝而沉淀，又由于溶液较浓，离子的水合程度较小，这样就可以获得比较紧密的沉淀，而不至于成为胶体溶液。胶体溶液的过滤和洗涤都相当困难。

② 温度。溶液的过饱和度与晶核的生成和长大有直接的关系，而溶液的过饱和度又与温度有关。一般来说，晶核生长速度随温度的升高而出现极大值。

晶核生长速度最快时的温度，比晶核长大时达到最大速度所需温度低得多。即在低温时有利于晶核的形成，而不利于晶核的长大。所以在低温时一般得到细小的颗粒。

对于晶形沉淀，沉淀应在较热的溶液中进行，这样可使沉淀的溶解度略有增大，过饱和度相对降低，有利于晶体成长增大。同时，温度越高，吸附的杂质越少。但这时为了减少已沉淀晶体溶解度增大而造成的损失，沉淀完毕，应待熟化、冷却后过滤和洗涤。

对于非晶形沉淀，在较热的溶液中沉淀也可以使离子的水合程度较小，获得比较紧密凝聚的沉淀，防止胶体溶液的形成。

此外，较高温度操作对缩短沉淀时间提高生产效率有利，对降低料液黏度亦有利。但显然温度受介质水沸点的限制，因此多数沉淀操作均在 70～80℃ 之间进行温度选择。

③ pH 值。既然沉淀法常用碱性物质作沉淀剂，因此沉淀物的生成在相当程度上必然受溶液 pH 值的影响，特别是制备活性高的混合物催化剂更是如此。

由盐溶液用共沉淀法制备氢氧化物时，各种氢氧化物一般并不是同时沉淀下来的，而是在不同的 pH 值下（见表 3-2）先后沉淀下来的。即使发生共沉淀，也仅限于形成沉淀所需

pH 值相近的氢氧化物之间。

表 3-2 形成氢氧化物沉淀所需的 pH 值

氢氧化物	形成沉淀物所需的 pH 值	氢氧化物	形成沉淀物所需的 pH 值
$Mg(OH)_2$	10.5	$Be(OH)_2$	5.7
$AgOH$	9.5	$Fe(OH)_2$	5.5
$Mn(OH)_2$	8.5~8.8	$Cu(OH)_2$	5.3
$La(OH)_3$	8.4	$Cr(OH)_2$	5.3
$Ce(OH)_3$	7.4	$Zn(OH)_2$	5.2
$Hg(OH)_2$	7.3	$U(OH)_4$	4.2
$Pr(OH)_3$	7.1	$Al(OH)_3$	4.1
$Nd(OH)_3$	7.0	$Th(OH)_4$	3.5
$Co(OH)_2$	6.8	$Sn(OH)_2$	2.0
$U(OH)_3$	6.8	$Zr(OH)_4$	2.0
$Ni(OH)_2$	6.7	$Fe(OH)_3$	2.0
$Pd(OH)_2$	6.0		

这即是说，由于各组分的溶度积是不同的，如果不考虑形成氢氧化物沉淀所需 pH 值相近这一点，那么很可能制得的是不均匀的产物。例如，当把氨水溶液加到含两种金属硝酸盐的溶液中时，氨将首先沉淀一种氢氧化物，然后再沉淀另一种氢氧化物。在这种情况下，欲使所得的共沉淀物更均匀些，可以采用如下两种方法：第一是把两种硝酸盐溶液同时加到氨水溶液中去，这时两种氢氧化物就会同时沉淀；第二是把一种原料溶解在酸性溶液中，而把另一种原料溶解在碱性溶液中。例如氧化硅-氧化铝的共沉淀可以由硫酸铝与硅酸钠（水玻璃）的稀溶液混合制得。

氢氧化物共沉淀时有混合晶体形成，这是由于量较少的一种氢氧化物进入另一种氢氧化物的晶格中，或者生成的沉淀以其表面吸附另一种沉淀所致。

④ 加料方式和搅拌强度。沉淀剂和待沉淀组分两组溶液进行沉淀反应时，有一个加料顺序问题。以硝酸盐加碱沉淀为例，是先预热盐至沉淀温度后逐渐加入碱中，或是将碱预热后逐渐加入盐中，抑或是两者分别先预热后，同时并流加入沉淀反应器中，这其中至少可以有三种可能的加料方式——正加料、反加料和并流加料。有时甚至可以是这三种方式的分阶段复杂组合。经验证明，在溶液浓度、温度、加料速度等其他条件完全相同的条件下，由于加料方式的不同，所得沉淀的性质也可能有很大的差异，并进而使最终的催化剂或载体的性质出现差异。

搅拌强度对沉淀的影响也是不可忽视的。不管形成何种形态的沉淀，搅拌都是必要的。但对于晶形沉淀，开始沉淀时，沉淀剂应在不断搅拌下均匀而缓慢地加入，以免发生局部过浓现象，同时也能维持一定的过饱和度。而对非晶形沉淀，宜在不断搅拌下，迅速加入沉淀剂，使之尽快分散到全部溶液中，以便迅速析出沉淀。

综上所述，影响沉淀形成的因素是复杂的。在实际工作中，应根据催化剂性能对结构的不同要求，选择适当的沉淀条件，注意控制沉淀的类型和晶粒大小，以便得到预定结构和组成的沉淀物。

对于可能形成晶体的沉淀，应尽量创造条件，使之形成颗粒大小适当、粗细均匀、具有一定比表面和孔径、杂质含量较少、容易过滤和洗涤的晶形沉淀。即使不易获得晶形沉淀，也要注意控制条件，使之形成比较紧密、杂质较少、容易过滤和洗涤的沉淀，尽量避免胶体溶液形成。在实验室中常见到一些胶体沉淀几昼夜无法洗净的困难情况。

（3）沉淀的陈化和洗涤　在催化剂制备中，在沉淀形成以后往往有所谓陈化（或熟化）的工序。对于晶形沉淀尤其如此。

沉淀在其形成之后发生的一切不可逆变化称为沉淀的陈化。最简单的陈化操作是沉淀形成后并不立即过滤，而是将沉淀物与其母液一起放置一段时间。这样，陈化的时间、温度及母液的 pH 值等便会成为陈化所应考虑的几项影响因素。

在晶形催化剂制备过程中，沉淀的陈化对催化剂性能的影响往往是显著的。因为陈化过程中，沉淀物与母液一起放置一段时间（必要时保持一定温度）后，由于细小的晶体比粗大晶体溶解度大，溶液对于大晶体而言已达到饱和状态，而对于细晶体尚未饱和，于是细晶体逐渐溶解，并沉积于粗晶体上。如此反复溶解、沉积的结果，基本上消除了细晶体，获得了颗粒大小较为均匀的粗晶体。此外，孔隙结构和表面积也发生了相应的变化。而且，由于粗晶体总面积较小，吸附杂质较小，在细晶体之中的杂质也会随溶解过程转入溶液。此外，初生的沉淀不一定具有稳定的结构，例如草酸钙在室温下沉淀时得到的是 $CaC_2O_4 \cdot 2H_2O$ 和 $CaC_2O_4 \cdot 3H_2O$ 的混合沉淀物，它们与母液在高温下一起放置，将会变成稳定的 $CaC_2O_4 \cdot H_2O$。某些新鲜的无定形沉淀或胶体沉淀，在陈化过程中逐步转化而结晶也是可能的，例如分子筛、水合氧化铝等的陈化，即是这种转化最典型的实例。

多数非晶形沉淀，在沉淀形成后不采取陈化操作，宜待沉淀析出后，加入较大量热水稀释之，以减少杂质在溶液中的浓度，同时使一部分被吸附的杂质转入溶液。加入热水后，一般不宜放置，而应立即过滤，以防沉淀进一步凝聚，并避免表面吸附的杂质包裹在沉淀内部不易洗净。某些场合下，也可以加热水放置熟化，以制备特殊结构的沉淀。例如，在活性氧化铝的生产过程中，常常采用这种办法，即先制出无定形的沉淀，再根据需要采用不同的陈化条件，生成不同类型的水合氧化铝（$\alpha\text{-}Al_2O_3 \cdot H_2O$ 或 $\alpha\text{-}Al_2O_3 \cdot 3H_2O$ 等），经煅烧转化为 $\gamma\text{-}Al_2O_3$ 或 $\eta\text{-}Al_2O_3$。

沉淀过程固然是沉淀法的关键步骤，然而沉淀的各项后续操作，例如过滤、洗涤、干燥、焙烧、成型等，同样会影响催化剂的质量。其中洗涤一步，是沉淀法制备催化剂的特有操作，值得在此首先加以讨论。

洗涤操作的主要目的是除去沉淀中的杂质。用沉淀法制备催化剂时，沉淀终点在控制和防止杂质的混入上是很重要的。一方面要检验沉淀是否完全，另一方面要防止沉淀剂的过量，以免在沉淀中带入外来离子和其他杂质。杂质混入催化剂主要发生在沉淀物生成过程中。沉淀带入杂质的原因是表面吸附、形成混晶（固溶体）、机械包藏等。其中，表面吸附是具有大表面非晶形沉淀沾污的主要原因。通常，沉淀物的表面积相当大，0.1mm 左右的 0.1g 结晶物质（相对密度 1）共有 10 万个晶粒，总表面积为 $60cm^2$ 左右；如果颗粒尺寸减至 0.01mm（微晶沉淀）颗粒的数目就增加到 1 亿个，表面积达到 $600cm^2$；考虑到结晶表面的不整齐等因素，它的表面积显然还要大得多。有这样大的表面积，对杂质的吸附就不可避免。

所谓形成混晶，指的是溶液中存在的杂质如果与沉淀物的电子层结构类型相似，离子半径相近，或电荷/半径比值相同，在沉淀晶体长大过程中，首先被吸附，然后参加到晶格排列中形成混晶（同形混晶或异形混晶），例如，$MgNH_4PO_4 \cdot 6H_2O$ 与 $MgNH_4AsO_4 \cdot 6H_2O$ 可组成同形混晶，$NaCl$（立方体晶格）和 Ag_2CrO_4（四面体晶格）能形成异形混晶。混晶的生成与溶液中杂质的性质、浓度和沉淀剂加入速度有关。沉淀剂加入太快，结晶成长迅速，容易形成混晶。异形混晶晶格通常完整，当沉淀与溶液一起放置陈化后，可以除去。

机械包藏，指被吸附的杂质机械地嵌入沉淀之中。这种现象的发生也是由于沉淀剂加入太快的缘故。在陈化后，这种包藏的杂质也可能除去。

此外，在沉淀形成后的陈化时间过长，母液中其他的可溶物或微溶物可能沉积在原沉淀物上，这种现象称为后沉淀。显然，在陈化过程中发生后沉淀而带入杂质是我们所不希望的。

根据以上分析，为了尽可能减少或避免杂质的引入，应当采取以下几点措施：一是针对不同类型的沉淀，选用适当的沉淀和陈化条件；二是在沉淀分离后，用适当的洗涤液洗涤；三是必要时进行再沉淀，即将沉淀过滤、洗涤、溶解后，再进行一次沉淀。再沉淀时由于杂质浓度大为降低，吸附现象可以减轻或避免。这与一般晶体物质的重结晶有相近的纯化效果。

在催化剂制备中，以洗涤液除去固态物料中杂质的操作称为洗涤。最常用的洗涤液是纯水，包括去离子水和蒸馏水，其纯度可用电导仪方便地检验。纯度越高，电导越小。有时在纯水中加入适当洗涤剂配成洗涤液。当然洗涤剂应是可分解和易挥发的，例如用$(NH_4)_2C_2O_4$稀溶液洗涤CaC_2O_4沉淀。溶解度较小的非晶形沉淀，应该选择易挥发的电解质稀溶液洗涤，以减弱形成胶体的倾向，例如水合氧化铝沉淀宜用硝酸铵溶液洗涤。

一般而言，选择洗涤液温度时，温热的洗涤液容易将沉淀洗净。因为杂质的吸附量随温度的提高而减少，通过过滤层也较快，还能防止胶体溶液的形成。但是，在热溶液中，沉淀的损失也较大。所以，溶解度很小的非晶形沉淀，宜用热的溶液洗涤，而溶解度大的晶形沉淀，以冷的洗涤液洗涤为好。

实际操作中，洗涤常用倾析法和过滤法。洗涤的开始阶段，多用倾析洗涤，即操作时先将洗涤槽中的母液放尽，加入适当洗涤液，充分搅拌并静置澄清后，将上层澄清液尽量倾出弃去，再加入洗涤液洗涤。重复洗涤数次，将沉淀物移入过滤器过滤，必要时可以在过滤器中继续洗涤（冲洗）。为了提高洗涤效率、节省洗涤液并减少沉淀的溶解损失，宜用尽量少的洗涤液，分多次洗涤，并尽量将前次的洗涤液沥干。洗涤必须连续进行，不得中途停顿，更不能干涸放置太久，尤其是一些非晶形沉淀，放置凝聚后，就更难洗净。沉淀洗净与否，应进行检查，一般是定性检查最后洗出液中是否还显示某种离子效应。通常以洗涤水不呈OH^-（用酚酞）或NO_3^-（用二苯胺浓硫酸溶液）的反应时为止。对某些类型的催化剂，洗涤不净在催化剂中留下残余的碱性物，将影响催化剂的性能。

（4）干燥、焙烧和活化　干燥是用加热的方法脱除已洗净湿沉淀中的洗涤液。干燥后的产物，通常还是以氢氧化物、氧化物或硝酸盐、碳酸盐、草酸盐、铵盐和醋酸盐的形式存在。一般来说，这些化合物既不是催化剂所需要的化学状态，也尚未具备较为合适的物理结构，对反应不能起催化作用，故称催化剂的钝态。把钝态催化剂经过一定方法处理后变为活泼催化剂的过程，叫作催化剂的活化（不包括再生）。活化过程，大多在使用催化剂厂的反应器中进行，有时在催化剂制造厂进行，后者称预活化或预还原等。

焙烧是继干燥之后的又一热处理过程。但这两种热处理的温度范围和处理后的热失重是不同的，其区别如表3-3所示。干燥对催化剂性能影响较小，而焙烧的影响则往往较大。

表 3-3　干燥与焙烧的区别

单 元 操 作	温度范围/℃	热失重(1000℃)
干燥	80～300	10%～50%
中等温度焙烧	300～600	2%～8%
高温焙烧	>600	<2%

被焙烧的物料可以是催化剂的半成品（如洗净的沉淀或先驱物），但有时可能是催化剂成品或催化剂载体。

焙烧的目的如下。

① 通过物料的热分解，除去化学结合水和挥发性杂质（如 CO_2、NO_2、NH_3），使之转化为所需要的化学成分，其中可能包括化学价态的变化。

② 借助固态反应、互溶、再结晶，获得一定的晶型、微粒粒度、孔径和比表面积等。

③ 让微晶适度地烧结，提高产品的机械强度。

可见，焙烧过程有化学变化和物理变化发生，其中包括热分解过程、互溶与固态反应、再结晶过程、烧结过程等。这些复杂的过程对成品性能的影响也是多方面的。如许多无机化合物在低温下就能发生固态反应，而催化剂（或其半成品）的焙烧温度常常近于 500℃ 左右。所以活性组分与载体间发生固态相互反应是可能的。再如，烧结一般使微晶长大，孔径增大，比表面积、比孔容积减小，强度提高等，对于一个给定的焙烧过程，上述的几个作用过程往往同时或先后发生。当然也必定有一个或几个过程为主，而另一些过程处于次要地位。显然，焙烧温度的下限取决于干燥后物料中氢氧化物、硝酸盐、碳酸盐、草酸盐、铵盐之类易分解化合物的分解温度。这个温度，可以通过查阅物性数据和一般的热分解失重曲线的测定来确定。焙烧温度的上限要结合焙烧时间一并考虑。当焙烧温度低于烧结温度时，时间越长，分解越完全；若焙烧温度高于烧结温度，时间越长，烧结越严重。为了使物料分解完全，并稳定产物结构，焙烧至少要在不低于分解温度和不高于最终催化剂成品使用温度的条件下进行。温度较低时，分解过程或再结晶过程占优势；温度较高时，烧结过程可能较突出。

焙烧设备很多，有高温电阻炉、旋转窑、隧道窑、流化床等。选用什么设备要根据焙烧温度、气氛、生产能力和设备材质的要求来决定。任何给定的焙烧条件都只能满足某些主要性能的要求。例如，为了得到较大的比表面，在不低于分解温度和不高于使用温度的前提下，焙烧温度应尽量选低，并且最好抽真空焙烧。为了保证足够的机械强度，则可以在空气中焙烧，而且焙烧时间可长一些。为了制备某种晶形产品（如 $\gamma\text{-}Al_2O_3$ 或 $\alpha\text{-}Al_2O_3$），必须在特定的相变温度范围内焙烧。为了减轻内扩散的影响，有时还要采取特殊的造成孔技术，例如，预先在物料中加入造孔剂，然后在不低于造成孔剂分解温度的条件下焙烧等。

经过焙烧后的催化剂（或半成品），相当多数尚未具备催化剂活性，必须用氢气或其他还原性气体，还原成为活泼的金属或低价氧化物，这步操作称为还原，也称为活化。当然，还原只是催化剂最常见的活化形式之一，因为许多固体催化剂的活化状态都是金属形态，然而还原并非活化的唯一形态，因为某些固体催化剂的活化状态是氧化物、硫化物或其他非金属态。例如，烃类加氢脱硫用的钴-钼催化剂，其活性状态为硫化物。因此这种催化剂的活化是预硫化，而不是还原。

气-固相催化反应中，固体催化剂的还原多用气体还原剂进行。影响还原的因素大体是还原温度、压力、还原气组成和空速等。

若催化剂的还原是一个吸热反应，提高温度，有利于催化剂的彻底还原；反之，若还原是放热反应，提高温度就不利于彻底还原。提高温度可以加大催化剂的还原速度，缩短还原时间。但温度过高，催化剂微晶尺寸增大，比表面下降；温度过低，还原速度太慢，影响反应器的生产周期，而且也可能延长已还原催化剂暴露在水气中的时间（还原伴有水分产生），增加氧化-还原的反复机会，也使催化剂质量下降。每一种催化剂都有一个特定的起始还原温度、最快还原温度、最高允许还原温度。因此，还原时应根据催化剂的性质选择并控制升温速度和还原温度。

还原性气体有氢气、一氧化碳、烃类等含氢化合物（甲烷、乙烯）等，用于工业催化剂还原的还有 N_2-H_2（氨裂解气）、H_2-CO（甲醇合成气）等，有时还原性气体还含有适量水蒸气，配成湿气。不同还原性介质的还原效果不同，同一种还原气，因组成含量或分压不同，还原后催化剂的性能也不同。一般说来，还原气中水分和氧含量越高，还原后的金属晶体越粗。还原气体的空速和压力也能影响还原质量。高的空速有利于还原的平衡和速度。如果还原是分子数变少的反应，压力的变化将会影响还原反应平衡的移动，提高压力可以提高催化剂还原度。

在还原的操作条件（如温度、压力、时间及还原气组成与空速等）一定时，还原效果的好坏尚取决于催化剂的组成、制备工艺及颗粒大小。例如，加进载体的氧化物比纯粹的氧化物所需的还原温度往往要高些；相反，加入某些物质，有时可以提高催化剂的还原性，例如在难还原的铝酸镍中加入少量铜化合物，可以加速铝酸镍的还原。通常，还原反应有水分产生，在催化剂床层压力降许可的情况下，使用颗粒较细的催化剂，可以减轻水分对催化剂的反复氧化-还原作用，从而减轻水分的毒化作用。

有时某些催化剂的预还原还在液相中进行。

催化剂的还原往往是催化剂正式投用前的最后一步，而且这一步的多种操作参数对催化剂的质量影响很大。故近年来对催化剂还原的研究工作也很活跃，多种工业催化剂还开发成功了新型的预还原品种。早期催化剂的还原通常是由使用厂家在反应器内进行的，即器内还原。然而，有的催化剂，或者由于还原过程很长，占用反应器的宝贵生产时间；或者由于在特殊的条件下还原，方可获得很好的还原质量；或者由于还原与使用条件悬殊过大，器内还原无法满足最优的还原条件，要求在专用设备中进行器外的预先还原（必要时还原后略加钝化）。提供预还原催化剂，由催化剂生产厂在专用的预还原炉中完成还原操作，这就从根本上解决了上述各种问题。

第二节　浸　渍　法

一、浸渍法基本原理及特点

浸渍法以浸渍为关键和特殊的一步，是制造催化剂广泛采用的另一种方法。按通常的做法，本法是将载体放进含有活性物质（或连同助催化剂）的液体（或气体）中浸渍（即浸泡），活性物质逐渐吸附于载体的表面，当浸渍平衡后，将剩下的液体除去，再进行干燥、焙烧、活化等与沉淀法相近的后处理，如图 3-3 所示。

常用的多孔载体有氧化铝、氧化硅、活性炭、硅酸铝、硅藻土、浮石、石棉、陶土、氧化镁、活性白土等。根据催化剂用途可以用粉状载体，也可以用成型后的颗粒状载体。

活性物质在溶液里应具有溶解度大、结构稳定且在焙烧时可分解为稳定活性化合物的特性。一般采用硝酸盐、氯化物、醋酸盐或铵盐制备浸渍液。也可以用熔盐，例如处于加热熔融状态的硝酸盐，作浸渍液。

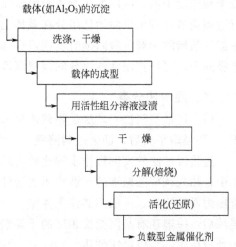

图 3-3　浸渍法制负载催化剂生产流程

浸渍法的基本原理：一方面是因为固体的孔隙与液体接触时，由于表面张力的作用而产生毛细管压力，使液体渗透到毛细管内部；另一方面是活性组分在载体表面上的吸附。为了增加浸渍量或浸渍深度，有时可预先抽空载体内空气，而使用真空浸渍法；提高浸渍液温度（降低其黏度）和增加搅拌，效果相近。

浸渍法具有下列优点：第一，可以用已成外形与尺寸的载体，省去催化剂成型的步骤。目前国内外均有市售的各种催化剂载体供应。第二，可选择合适的载体，提供催化剂所需物理结构特性，如比表面、孔半径、机械强度、热导率等。第三，附载组分多数情况下仅仅分布在载体表面上，利用率高，用量少，成本低，这对铂、钯、铱等贵金属催化剂特别重要。正因为如此，浸渍法可以说是一种简单易行而且经济的方法，广泛用于制备附载型催化剂，尤其是低含量的贵金属附载型催化剂。缺点是其焙烧分解工序常产生废气污染。

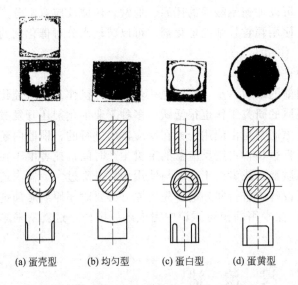

图 3-4　活性组分在载体断面上的不同分布
（实物照片和示意图）

(a) 蛋壳型　　(b) 均匀型　　(c) 蛋白型　　(d) 蛋黄型

浸渍法虽然操作很简单，但是在制备过程中也常遇到许多复杂的问题。如在催化剂干燥时，有时因催化活性物质向外表面的移动而使部分内表面活性物质的浓度降低，甚至载体未被覆盖。

活性物质在载体横断面的均匀分布或不均匀分布，也是值得深入探讨的问题。对于某些反应，有时并不需要催化剂活性物质均匀地分散在全部内表面上，而只需要表面和近表面层有较多的活性物质。活性组分在载体断面上的分布可以有如图 3-4 所示的各种类型。

制备这些类型断面分布催化剂的方法是竞争吸附法。按照这种方法，在浸渍溶液中除活性组分外，还要再加以适量的第二种称为竞争吸附剂的组分。浸渍时，载体在吸附活性组分的同时，也吸附第二组分。由于两种组分在载体表面上被吸附的概率和深度不同，所以发生竞争吸附现象。选择不同的竞争吸附剂，再对浸渍工艺和条件进行适当调节，就可以对活性组分在载体上的分布类型及浸渍深度加以控制，如使用乳酸、盐酸或一氯醋酸为竞争吸附剂时，则可得加厚的蛋壳型分布。同时，采用不同用量和浓度的竞争吸附剂，可以控制活性组分的浸渍深度。

二、浸渍法分类

（1）过量浸渍法　本法是将载体浸入过量的浸渍溶液中（浸渍液体积超过载体可吸收体积），待吸附平衡后，沥去过剩溶液，干燥、活化后再得催化剂成品。

过量浸渍法的实际操作步骤比较简单。例如，先将干燥后的载体放入不锈钢或搪瓷的容器中，加入调好酸碱度的活性物质水溶液中浸渍。这时载体细孔内的空气，依靠液体的毛细管压力而被逐出，一般不必预先抽空。过量的水溶液用过滤、沥析或离心分离的方法除去。浸渍后，一般还有与沉淀法相近的干燥焙烧等工序的操作。多余的浸渍液一般不加处理或略加处理后，还可以再次使用。

（2）等体积浸渍法　本法是将载体与它正好可吸附体积的浸渍溶液相混合，由于浸渍溶液的体积与载体的微孔体积相当，只要充分混合，浸渍溶液恰好浸渍载体颗粒而无过剩，可省略废浸渍液的过滤与回收操作。但是必须注意，浸入液体积是浸渍化合物性质和浸渍溶液黏度的函数。确定浸渍溶液体积，应预先进行试验测定。等体积浸渍可以连续或间歇进行，设备投资少，生产能力大，能精确调节附载量，所以被工业上广泛采用。

实际操作时，该法是将需要量的活性物质配成水溶液，然后将一定量的载体浸渍其中。这个过程通常采用喷雾法，即把含活性物质的溶液喷到装于转动容器中的载体上来完成。本法适用于载体对活性质吸附能力很强的情况。就活性物质在载体上的均匀分布而言，此法是不如过量浸渍法的。

对于多种活性物质的浸渍，要考虑到由于有两种以上溶质的共存，可能改变原来某一活性物质在载体上的分布。这时往往要加入某种特定物质，以寻找催化活性的极大值。例如制备铂重整催化剂时，在溶液中加入若干竞争吸附剂醋酸，可以改变铂在载体上的分布。而醋酸含量达到一定比例时，催化活性就出现极大值。在另外的情况下，也可采用分步浸渍，即先将一种活性物质浸渍后，经干燥焙烧，然后再用另一种活性物质浸渍。有时可将多种活性物质制成混合溶液，而后浸之。

当需要活性物质在载体的全部内表面上均匀分布时，载体在浸渍前要进行真空处理，抽出载体内的气体，或同时提高浸渍液温度，以增加浸渍深度。载体的浸渍时间取决于载体的结构、溶液的浓度、溶液的温度等条件，通常为 $30 \sim 90 min$。

（3）多次浸渍法　为了制得活性物质含量较高的催化剂，可以进行重复多次的浸渍、干燥和焙烧，此即所谓多次浸渍法。

采用多次浸渍法的原因有两点：第一，浸渍化合物的溶解度小，一次浸渍的附载量少，需要重复浸渍多次；第二，为避免多组分浸渍化合物各组分的竞争吸附，应将各个组分按次序先后浸渍。每次浸渍后，必须进行干燥和焙烧，使之转化成为不可溶性的物质，这样可以防止上次浸渍在载体上的化合物在下一次浸渍时又重新溶解到溶液中，也可以提高下一次的浸渍载体的吸收量。例如加氢脱硫用 $CoO\text{-}MoO_3/Al_2O_3$ 催化剂的制备，可将氧化铝用钴盐溶液浸渍、干燥、焙烧后，再用钼盐溶液按上述步骤反复处理。必须注意每次浸渍时附载量的提高情况。随着浸渍次数的增加，每次的附载量将会递减。

多次浸渍法工艺过程复杂，劳动效率低，生产成本高，除非上述必要的特殊情况，应尽量避免采用。

（4）浸渍沉淀法　即先浸渍而后沉淀的制备方法，它是某些贵金属浸渍型催化剂常用的方法。由于浸渍液多用氯化物的盐酸溶液——氯铂酸、氯钯酸、氯铱酸或氯金酸等，这些浸渍液在被载体吸收吸附达到饱和后，往往紧接着再加入 NaOH 等碱溶液，使氯铂酸中的盐酸得以中和，并进而使金属氯化物转化为氢氧化物，而沉淀于载体的内孔和表面。这种先浸渍而后再沉淀的方法有利于 Cl^- 的洗净脱除，并可使生成的贵金属化合物在较低温度下用肼、甲醛、H_2O_2 等含氢化合物水溶液进行预还原。在这种条件下所制得的活性组分贵金属，不仅易于还原，而且粒子较细，并且还不产生高温焙烧分解氯化物时造成的废气污染。

（5）流化喷洒浸渍法　对于流化床反应器所使用的细粉状催化剂，可应用本法，即浸渍溶液直接喷洒到反应器中处于流化状态的载体上，完成浸渍后，接着进行干燥和焙烧。

（6）蒸气相浸渍法　借助浸渍化合物的挥发性，以蒸气的形态将其负载到载体上去。这种方法首先应用在正丁烷异构化过程中。催化剂成分为 $AlCl_3/$铁钒土。在反应器内，先装入铁钒土载体，然后以热的正丁烷气流将活性组分 $AlCl_3$ 升华并带入反应器，当附载量足够时，便转入异构化反应。用此法制备的催化剂，在使用过程中活性组分容易流失，必须随反应气流连续外补浸渍组分。近年，用固体 $SiO_2 \cdot Al_2O_3$ 作载体，负载加入 SbF_5 蒸气，合成 $SbF_5/SiO_2 \cdot Al_2O_3$ 固体超强酸。

第三节 混 合 法

不难想象，两种或两种以上物质机械混合，可算是制备催化剂的一种最简单最原始的方法。多组分催化剂在压片、挤条或滚球之前，一般都要经历这一操作。有时混合前的一部分催化剂半成品，要用沉淀法制备。有时还用混合法制备各种催化剂载体，而后烧结、浸渍。

混合法设备简单，操作方便，产品化学组成稳定，可用于制备高含量的多组分催化剂，尤其是混合氧化物催化剂。此法分散性和均匀性显然较低。但在合适的条件下也可与其他经典方法相比拟，或相接近。为改善这种制法分散性差的弱点，可以加入表面活性剂、分散剂等一起混合，或改善催化剂后处理工艺。

根据被混合物料的物相不同，混合法可以分为干混与湿混两种类型。两者虽同属于多组分的机械混合，但设备有所区别。多种固体物料之间的干式混合，常用拌粉机、球磨机等设备，而液-固相的湿式混合，包括水凝胶与含水沉淀物的混合、含水沉淀物与固体粉末的混合等，多用捏合机、槽式混合器、轮碾机等，有时也用球磨机或胶体磨。还有使沉淀法的浆料与载体粉料相混的混沉法，该法在槽式沉淀反应器中进行。下面列举制备实例。

一、固体磷酸催化剂的制备

磷酸和磷酸盐属于强酸型催化剂，它们一般是通过与反应成分间进行质子交换而促进化学反应的。这一类强酸型催化剂，往往具有促进烯烃的聚合、异构化、水合、烷基化及醇类的脱水等各种反应的功能。

将磷酸用作催化剂有三种方式，一是以液态的方法使用，其次是涂于石英等的表面而形成薄膜后使用，再者就是载于硅藻土等吸附性载体上形成所谓固体磷酸。

硅藻土是一种天然矿物，多以粉状出售，主要成分是 SiO_2，此外还含有 Al_2O_3、Fe_2O_3、CaO、MgO 等。硅藻土本身是一种酸性物质，与磷酸难以反应，但对磷酸有较强的吸附和载持能力，用作固体磷酸的载体较为合适。

以下是以湿混法制备固体磷酸催化剂的一个实例的要点。

在 100 份硅藻土中，加入 300～400 份 90% 的正磷酸和 30 份石墨。石墨使催化剂易于成型，且由于它传热快，能有效地防止反应中因部分蓄热而引起催化剂的损坏。充分搅拌上述三种物料，使之均匀。然后放置在平瓷盘中，在 100℃ 的烘箱中使之干燥到适于成型的潮度。用成型机将干燥后的催化剂粉末制成规定大小的片剂，再进行热处理，例如在马弗炉或回转炉中通热风进行活化。这样制得的固体磷酸催化剂，其活性由于载体的形态、磷酸含量、热处理方法、热处理温度及时间等条件不同而有显著差异。

二、转化吸收型锌锰系脱硫剂的制备

本催化剂主要用于某些合成氨厂的原料气净化，目的是将气体中所含的有机硫（噻吩除外）转化并吸收，以保证一氧化碳低温变换催化剂和甲烷化催化剂的正常使用。也可以在天然气制氢等其他流程中用于脱除有机硫。

本催化剂，可以直接采用市售的活性氧化锌（或碳酸锌）、二氧化锰、氧化镁为原料制备。碳酸锌也可以由锌锭、硫酸、碳酸钠通过沉淀反应制备。按规定配方将碳酸锌、二氧化锰、氧化镁依次加入混合机中混合 10～15min，然后恒速送入一次焙烧炉，在 350℃ 左右进行第一次焙烧，使大部分碳酸锌分解为活性氧化锌。将初次焙烧过的混合物慢慢地加到回转造球机中，喷水滚制成小圆球。小圆球进入二次焙烧炉，在 350℃ 左右第二次焙烧、过筛、冷却、气密包装，即得产品。这种典型干混法制备的催化剂，由于分散性差，脱硫效果不甚理想，已逐渐被先进的钴钼加氢-氧化锌脱硫的新工艺所取代。

第四节 热 熔 融 法

热熔融法是制备某些催化剂较特殊的方法。适用于少数必须经熔炼过程的催化剂，为的是要借高温条件将多组分混合物熔炼成为均匀分布的混合物，甚至是氧化物固溶体或合金固溶体。配合必要的后续加工，可制得性能优异的催化剂。特别是所谓固溶体，是指几种固体成分相互扩散所得到的极其均匀的混合体，也称固体溶液。固溶体中的各个组分，其分散度远远超过一般混合物。由于在远高于使用温度的条件下熔炼制备，这类催化剂常有高的强度、活性、热稳定性和很长的寿命。

本法的特征操作工序为熔炼，这是一个类似于平炉炼钢的较复杂和高能耗工艺。熔炼常在电阻炉、电弧炉、感应炉或其他熔炉中进行。显然，除催化剂原料的性质和助剂配方外，熔炼温度、熔炼次数、环境气氛、熔浆冷却速度等因素，对催化剂的性能都会有一定影响，操作时应予以充分注意。可以想象，提高熔炼温度，一方面可以降低熔浆的黏度，另一方面可以增加各个组分质点的能量，从而加快组分之间的扩散，弥补缺乏搅拌的不足。增加熔炼次数、采用高频感应电炉，都能促进组分的均匀分布。有些催化剂熔炼时应尽量避免接触空气，或采用低氧分压的熔炼和冷却。有时在熔炼后采用快速冷却工艺，让熔浆在短时间内淬冷，以产生一定内应力，可以得到晶粒细小、晶格缺陷较多的晶体，也可以防止不同熔点组分的分步结晶，以制得分布尽可能均匀的混合体。有理论认为，晶格缺陷与催化剂活性中心有关，缺陷多往往活性高。

用于氨合成（或氨分解）的熔铁催化剂、烃类加氢及费-托合成烃催化剂或雷尼型骨架镍催化剂等的制备是本法的典型例子，以其为例说明热熔融法的原理和采用的技术。

一、合成氨熔铁催化剂的制备

合成氨是众所周知的重要化学反应。该反应的催化剂以四氧化三铁为活性组分，例如，成品催化剂组成为：Fe_2O_3（66％）、FeO（31％）、K_2O（1％）、Al_2O_3（1.8％）。

向粉碎过的电解铁中加入作为促进剂的氧化铝、石灰、氧化镁等氧化物的粉末，充分混合，然后装入细长的耐火舟皿中，在 900～950℃ 温度下置于氢或氮的气流中烧结。再向这种烧结试样中，按需要量均匀注入浓度 20％ 的硝酸钾溶液，吹氧燃烧熔融。这种制法在实验室比较容易进行。熔融时，上述原料必须逐步少量加入，操作反复进行。

二、骨架镍催化剂的制备

1925 年雷尼提出的骨架镍催化剂制备方法，通过熔炼 Ni-Si 合金，并以 NaOH 溶液沥滤出（溶出）Si 组分，首次制得了分散状态独具一格的骨架镍加氢催化剂。1927 年，改用 Ni-Al 合金又使骨架镍催化剂的活性更加提高。这种金属镍骨架催化剂，具有多孔骨架结构，类似海绵，呈现出很高的加氢脱氢活性。后来，这类催化剂都以发明者命名，称雷尼镍（也称雷氏镍）。相似的催化剂还有铁、铜、钴、银、铬、锰等的单组分或双组分骨架催化剂。目前工业上雷尼镍应用最广，主要用于食品（油脂硬化）和医药等精细化学品中间体的加氢。由于其形成多孔海绵状纯金属镍，故活性高、稳定且不污染其加工制品，特别重要的是不污染食品。

加氢用骨架镍催化剂的工业制备流程如图 3-5 所示。其流程包括了 Ni-Al 合金的炼制和 Ni-Al 合金的沥滤两个部分，少数用于固定床连续反应的催化剂还要经过成型工序。

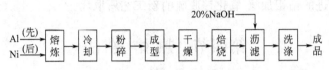

图 3-5　骨架镍催化剂生产流程

按照给定的 Ni-Al 合金配比（一般 Ni 含量为 42%～50%，Al 含量为 50%～58%），首先将金属 Al（熔点 658℃）加进电熔炉，升温加热到 1000℃ 左右，然后投入小片金属 Ni（熔点 1452℃）混熔，充分搅拌之。由于反应放出较多的热量（Ni 的熔解热），炉温容易上升到 1500℃。熔炼后将熔浆倾入浅盘冷却固化，并粉碎为 200 网目的粉末。如要成型，可用 SiO_2 或 Al_2O_3 水凝胶为黏结剂，混合合金粉，成型，干燥，并在 700～1000℃ 下焙烧，得丸粒状合金。称取合金重量 1.3～1.5 倍的苛性钠，配制 20% 的 NaOH 溶液，温度维持在 50～60℃ 充分搅拌 30～100min，使 Al 溶出完全，最后洗至酚酞无色（pH≈7），包装备用。长期储存，适于浸入无水乙醇等惰性溶剂中加以保护。

为了适于固定床操作，还可制备夹层型与薄板型的雷尼镍催化剂。

三、粉体骨架钴催化剂的制备

与骨架镍催化剂的制法相近，还可以制备骨架铜、骨架钴等以及多种金属的合金催化剂。这些催化剂可为块状、片状，亦可为粉末状。

粉体骨架钴催化剂制法要点如下：将 Co-Al 合金（47∶53）制成粉末，逐次少量地加入用冰冷却的、过量的 30% NaOH 水溶液中，可见到 Al 溶于 NaOH 生成偏铝酸钠时逸出的氢气。全部加完后，在 60℃ 以下温热 12h，直到氢气的发生停止。除去上部澄清液，重新再加入 30% NaOH 溶液并加热。该操作重复 2 次，待观测不出再有氢气发生后，用倾泻法水洗，直到呈中性为止。再用乙醇洗涤后，密封保存于无水乙醇中。这种催化剂可在 175～200℃ 时进行苯环的加氢，作脱氢催化剂时活性也相当高。

四、骨架铜催化剂的制备

将颗粒大小为 0.5～0.63cm 的 Al-Cu 合金悬浮在 50% 的 NaOH 溶液中，反应 380min，每 0.454kg 合金用 1.3kg NaOH（以 50% 水溶液计），在约 40℃ 处理，然后继续加入 NaOH，以除去合金中 80%～90% 的 Al，即可得骨架铜催化剂。

该催化剂可用于丙烯腈水解制丙烯酰胺。丙烯酰胺是一种高聚物单体，用于制絮凝剂、黏合剂、增稠剂等。

所有的骨架金属催化剂，化学性质活泼，易与氧或水等反应而氧化，因此在制备、洗涤或在空气中储存时，要注意防止其氧化失活。一旦失活，在使用前应重新还原。

第五节　离子交换法

某些催化剂利用离子交换反应作为其主要制备工序的化学基础。制备这类催化剂的方法，称为离子交换法。

离子交换反应发生在交换剂表面固定而有限的交换基团上，是化学计量的、可逆的（个别交换反应不可逆)、温和的过程。离子交换法是借用离子交换剂作为载体，以阳离子的形式引入活性组分，制备高分散、大表面、均匀分布的负载型金属或金属离子催化剂。与浸渍法相比，用此法所负载的活性组分分散度高，故尤其适用于低含量、高利用率的贵金属催化剂的制备。它能将小至 0.3～4.0nm 直径的微晶的贵重金属粒子附载在载体上，而且分布均匀。在活性组分含量相同时，催化剂的活性和选择性比用浸渍法制备的催化剂要高。

20 世纪 60 年代初期以来，沸石分子作为无机交换物质，在催化反应中得到越来越多的应用。从 20 世纪 30 年代中期发现有机强酸性阳离子交换树脂及其后发现强碱性阴离子交换树脂后，近三四十年来，有机离子交换树脂渐渐应用于有机催化反应中。有关离子交换法制备催化剂的详细论述，请参见相关书籍。

第六节　催化剂的成型

一、成型与成型工艺概述

（1）成型的含义及其重要性　固体催化剂，不管以任何方法制备，最终都是以不同形状和尽寸的颗粒在催化反应器中使用的，因而成型是催化剂制造中的一个重要工序。

早期的催化剂成型方法是将块状物质破碎，然后筛分出适当粒度的不规则形状的颗粒作用。这样制得的催化剂，因其形状不定，在使用时易产生气流分布的不均匀现象。同时大量被筛下的小颗粒甚至粉末状物质不能被利用，也造成浪费。随着成型技术的发展，许多催化剂大都改用其他成型方法。但也有个别催化剂因成型困难目前仍沿用这种方法，如合成氨用熔铁催化剂、加氢用的骨架金属催化剂等，因为这类催化剂不便采用其他方法成型。

成型是指各类粉体、颗粒、溶液或熔融原料在一定外力作用下互相聚集，制成具有一定形状、大小和强度的固体颗粒的单元过程。

成型是催化剂制造中的一个重要工序，可以从三个方面来理解。

第一，催化剂的形状，必须服从使用性能的要求。

市售的固体催化剂必须是颗粒状或微球状的，以便均匀地填充到工业反应器中，工业上常用的催化剂有圆柱形、球形、条形、蜂窝形、齿轮形等，如图 3-6 所示。

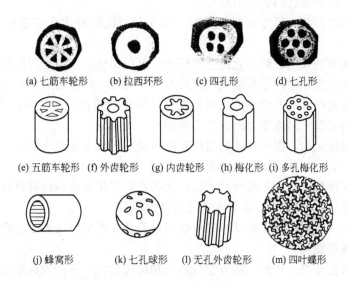

(a) 七筋车轮形　(b) 拉西环形　(c) 四孔形　(d) 七孔形

(e) 五筋车轮形　(f) 外齿轮形　(g) 内齿轮形　(h) 梅化形　(i) 多孔梅化形

(j) 蜂窝形　(k) 七孔球形　(l) 无孔外齿轮形　(m) 四叶蝶形

图 3-6　若干固定床催化剂的形状

比如说，催化剂床层要求填充均匀，可以选用圆柱形；催化剂床层要求填充均匀且比表面积较大，可以选用空心圆柱形；催化剂床层要求填充均匀、填充量大且颗粒耐磨性高，可以选用球形。

沸腾床等使用的小粒或微粒催化剂，欲调节催化剂形状而缺乏手段，故一般只能关心催化剂的粒径和粒径分布问题，而很少论及催化剂的形状。然而粒径大于 4～5mm 的固定床催化剂，这方面的研究、讨论和成果很多。由于各种成型工艺与设备从其他工业的移植和改造，使固定床等使用的工业催化剂的形状变得丰富多样，早期那种以无定形和球形为主的时代，已成过去。

第二，催化剂的形状和成型工艺，又反过来影响催化剂的性能。

形状、尺寸不同，甚至催化剂的表面粗糙程度不同，都会影响到催化剂的活性、选择性、强度、阻力等性能。一般而言，最核心的影响是对活性、床层压力降和传热这三个方面的影响。改变各种催化剂形状的关键问题，是在保证催化剂机械强度以及压降允许的前提下，尽可能地提高催化剂的表面利用率，因为许多工业催化反应是内扩散控制过程，单位体积反应器内所容纳的催化剂外表面积越大，则活性越高。最典型的例子是烃类水蒸气转化催化剂（催化反应是内扩散控制）的异形化，即由多年沿用的传统拉西环状，改为七孔形、车轮形等"异形转化催化剂"（外表面积大）。异形化的结果，催化剂的化学性质与物理结构不加改动，就可以使得活性提高，压降减小，而且传热改善。这不失为一条优化催化剂性能的捷径。典型数据如表 3-4 所示。

表 3-4　车轮状与拉西环状转化催化剂性能的比较

形　状	尺寸/mm	相对热传递	相对活性	相对压力降
传统拉西环状	$\phi16\times6.4\times16$	100	100	100
车轮状	$\phi17\times17$	126	130	83

除转化催化剂外，还有甲烷化催化剂及硫酸生产用催化剂的异形化、氨合成催化剂的球形化等，都有许多新进展。新近公开的我国炼油加氢用四叶蝶形催化剂，具有粒度小、强度高和压力降低等优点，特别适用于扩散控制的催化过程。但目前在固定床催化剂中，圆柱形及其变体催化剂、球形催化剂仍使用最广。

第三，催化剂的形状、尺寸和机械强度，必须与相应的催化反应过程和催化反应器相匹配。

固定床用催化剂的强度、粒度允许范围较大，可以在比较广的范围内操作。过去曾经使用过形状不一的粒状催化剂，它易造成气流分布的不均匀。后改用形状尺寸相同的成型催化剂，并经历过催化剂尺寸由大变小的发展过程。但催化剂颗粒尺寸过小，会加大气流阻力，影响正常运转，同时催化剂成型方面也会遇到困难。

对于移动床用催化剂，由于催化剂需要不断移动，机械强度要求更高，形状通常为无角的小球。常用直径 3～4mm 或更大的球形颗粒。

对于流化床用催化剂，为了保持稳定的流化状态，催化剂必须具有良好的流动性能，所以，流化床常用直径 20～150μm 或更大直径的微球颗粒。

对于悬浮床用催化剂，为了在反应时使催化剂颗粒在液体中易悬浮循环流动，通常用微米级至毫米级的球形颗粒。

（2）成型方法的分类与选择　从成型的形式和机理出发，可分为自给造粒成型（滚动成球等）和强制造粒成型（如压片与压环、挤条、滴液、喷雾等）。

成型方法的选择主要从两个方面因素考虑：

第一，根据成型前物料的物理性质，选择适宜的成型方法。例如，某些强制造粒成型方法，如压片或挤条，成型时摩擦力极大，被成型物料往往瞬间有剧烈的温升，有时能使物料晶体结构或表面结构发生变化，从而影响到催化剂物料的活性和选择性。又如，当催化剂在使用条件下的机械强度是薄弱环节，而改变物料成型前的物料性质又有损于催化剂的活性或选择性时，压片成型常是较可靠的增强机械强度的方法。

第二，根据成型后催化剂的物理、化学性质，选择适宜的成型方法。例如，成型后催化剂颗粒的外形尺寸不应造成气体通过催化剂床层的压力降 Δp 过大（Δp 随颗粒当量直径的减少而增大）；成型后催化剂颗粒的外形尺寸应保证良好的孔径结构（孔隙率、比孔容积、比表面积）。

（3）成型用助剂

a. 黏结剂 黏结剂的作用主要是增加固体催化剂的机械强度，一般可以分为三类。如表 3-5 所示。

表 3-5 黏结剂的分类与举例

基 本 黏 结 剂	薄 膜 黏 结 剂	化 学 黏 结 剂
沥青	水	$Ca(OH)_2 + CO_2$
水泥	水玻璃	$Ca(OH)_2 +$ 糖蜜
棕榈蜡	合成树脂、动物胶	$MgO + MgCl_2$
石蜡	硝酸、醋酸、柠檬酸	水玻璃 $+ CaCl_2$
黏土	淀粉	水玻璃 $+ CO_2$
干淀粉	糖蜜	硅溶胶
树脂	皂土	铝溶胶
聚乙烯醇	糊精	

基本黏结剂用于填充成型物料的空隙，包围粉粒表面不平处，增大可塑性，提高粒子间的结合强度，同时兼有稀释和润滑作用，减少内摩擦。

薄膜黏结剂用于增加成型原料粉体粒子的表面湿润度，呈薄膜状覆盖在粒子的表面，成型后经干燥而增加催化剂的强度。多为液体，用量为 0.5%～2% 之间。

化学黏结剂用于通过黏结剂组分之间或黏结剂与成型原料之间发生化学反应，从而增加催化剂的强度。

不论选用哪种黏结剂，都必须能润滑物料颗粒表面并具备足够的湿强度；而且在干燥或焙烧过程中可以挥发或分解。

b. 润滑剂 润滑剂的作用主要是降低成型时物料内部或物料与模具间的摩擦力，使成型压力均匀，产品容易脱模。多数为可燃或可挥发性物质，能在焙烧中分解，故可以同时起造孔作用。其用量一般为 0.5%～2% 之间。

常用固体、液体润滑剂举例如表 3-6 所示。

表 3-6 常用固体、液体润滑剂

液体润滑剂	固体润滑剂	液体润滑剂	固体润滑剂
水	滑石粉	可溶性油和水	硬脂酸镁或其他硬脂酸盐
润滑油	石墨	硅树脂	二硫化钼
甘油	硬脂酸	聚丙烯酰胺	石蜡

二、几种重要的成型方法

1. 压片成型

（1）压片工艺与旋转压片机　压片成型是广泛采用的成型方法，和西药片剂的成型工艺相接近。它应用于由沉淀法得到的粉末中间体的成型、粉末催化剂或粉末催化剂与水泥等黏结剂的混合物的成型。也适于浸渍法用载体的预成型。

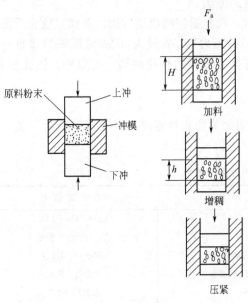

图 3-7　压缩成型示意图

压片成型法制得的产品，具有颗粒形状一致、大小均匀、表面光滑、机械强度高等特点。其产品适用于高压高流速的固定床反应器。其主要缺点是生产能力较低，设备较复杂，直径 3mm 以下的片剂（特别是拉西环）不易制造，成品率低，冲头、冲模磨损大，因而成型费用较高等。

本法一般压制圆柱状、拉西环状的常规形状催化剂片剂，也有用于齿轮状等异形片剂成型的催化剂。其常用成型设备是压片（打片）机或压环机。压片机的主要部件是若干对上下冲头、冲模，以及供料装置、液压传输系统等。待压粉料由供料装置预先送入冲模，经冲压成型后，被上升的下冲头排出。先进的压环机，在旋转的转盘上装有数十套模具，能连续地进料出环，物料的进出量、进出速度及片剂的成型压力（压缩比），可在很大的范围内调节。压片机的成型原理及旋转压片机的动作如图 3-7 和图 3-8 所示，旋转压片机结构如图 3-9 所示。

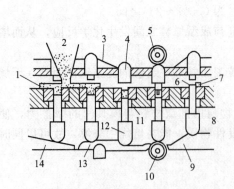

图 3-8　旋转压片机动作展开图

1—加料器；2—料斗；3—上冲导轨；4—上冲头；
5—上压缩轮；6—压片；7—刮板；8—工作台；
9—推出轨道；10—下压缩轮；11—冲模；
12—下冲头；13—重量调节轨道；
14—强制下降轨道

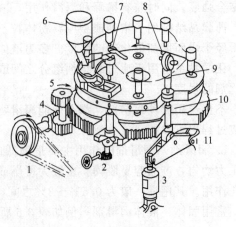

图 3-9　旋转式压片机结构

1—传动皮带；2—重量调节轨道；3—缓冲装置；
4—蜗轮蜗杆；5—小齿轮；6—料斗；7—刮刀；
8—上压缩轮；9—上冲头；10—下冲头；
11—下压缩轮

显然，用这种方法成型的产品的形状和尺寸取决于冲头冲模的形状和尺寸。例如，圆柱形片剂产品，冲头和冲模也制成圆柱形；拉西环状产品，圆柱形下冲头中心增加一个圆棒状的冲钉，冲钉直径与拉西环内孔相等。

通过进料系统，控制进入冲模中物料的装填量和冲头的冲程，可以调整颗粒的长径比，调整成形压力可以控制产品的相对密度和强度。加入模腔中的物料量取决于固体粉末的密度和流动性，也取决于片剂的几何尺寸。用压片机成型的原料粉末，须事先在球磨机或拌粉机中混合均匀，有的物料还需要进行预压和造粒（粉料中含一定微粒状物料），以调整物料的堆积密度和流动性。原料粉末可以是完全干燥的，也可以保持一定湿度。压片机的成型压力一般为 100～1000MPa，催化剂的颗粒大小有一个较宽的范围，一般对圆柱形来说外径为 3～10mm，通常高和直径大体相等。

压片成型在催化剂制备中是一步较为关键和复杂的步骤，有许多因素会影响成品的质量和生产效率，如模具的材质和加工精度、粉料的组成和性质、成型压力与压缩比、预压条件等。在实际生产中往往要经过许多必要的试验和多年的操作经验积累之后，对某种具体的催化剂才能使压片工艺达到比较完善的程度。

成型压力对催化剂性能的影响是各种因素中影响最大的。成型压力提高，在一定范围内，催化剂的抗压强度随之提高。这是容易理解的一般规律，因为压力使催化剂更加密实。但超过此范围，强度增势渐趋平缓。因此，使用过高成型压力，非但不能继续提高强度，在经济上反而是个浪费。

一般催化剂压片成型时，会发生孔结构和比表面积的变化。通常是比表面积（单位质量催化剂的内外表面积合计，单位：m^2/g）随成型压力的提高而逐渐变小，并在出现极小值之后回升。回升的原因，在于高压使密实后的粒子重新破碎为更小的微粒。成型压力提高，一般催化剂的平均孔径和总孔体积会有所降低，而不同孔径的分布也会变得更为平均化。孔径分布均化的原因，在于过高的压力可能"弥合"若干最细的内孔道，并同时破坏最大的粗孔。

成型压力对某些催化剂的活性和稳定性有影响，这除了由于上述种种物理结构变化可能会影响到催化剂活性等化学性质的这一层因素而外，有时还应考虑到，在成型的高压和骤然的摩擦温升下，催化剂组分间的化学结构有变化的可能。

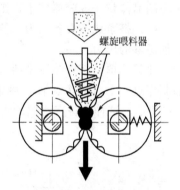

螺旋喂料器

图 3-10　滚动式压制机

（2）滚动式压制机　压片成型法除使用压片机、压环机外，还有一种成型机如图 3-10 所示，它被称作滚动式压制机。它是利用两个相对旋转的滚筒，滚筒表面有许多相对的、不同形状（如半球状）的凹模，将粉料和黏结剂通过供料装置送入两滚筒中间，滚筒径向之间通过油压机或弹簧施加压力，将物料压缩成相应的球形或卵形颗粒。成型颗粒的强度，与凹模形状、供料速度、黏结剂种类等因素有关。这种生产方法，其生产能力比压片机高，这种设备有时也可用于压片前的预压，通过一次或多次的预压，可以大大提高粉料的表观密度，进而提高成品环状催化剂的强度。

2. 挤条成型

（1）成型工艺　挤条成型也是一种最常用的催化剂成型方法。其工艺和设备与塑料管材的生产相似，它主要用于塑性好的泥状物料如铝胶、硅藻土、盐类和氢氧化物的成型。当成型原料为粉状时，需在原料中加入适当的黏合剂，并碾压捏合，制成塑性良好的泥料。为了获得满意的黏着性能和润湿性能，混合常在轮碾机中进行。

挤条成型是利用活塞或螺旋杆迫使泥状物料从具有一定直径的塑模（多孔板）挤出，并切割成几乎等长等径的条形圆柱体（或环柱体、蜂窝形断面柱体等），其强度决定于物料的可塑性和黏合剂的种类及加入量。本法产品与压片成型品相比，其强度一般较低。必要时，成型后可辅以烧结补强。挤条成型的优点是成型机能力大，设备费用低，对于可塑性很强的物料来说，这是一种较为方便的成型方法。对于不适于压制成型的 1～2mm 的小颗粒，采用挤条成型更为有利。尤其在生产低压、低流速所用催化剂时较适用。

挤条成型的工艺过程，一般是在卧式圆筒形容器中进行，大致可以分成原料的输送、压缩、挤出、切条四个步骤。首先，料斗把物料送入圆筒；在压缩阶段，物料受到活塞推进或螺旋挤压的力量而受到压缩，并向塑模推进；之后，物料经多孔板挤出而成条状，再切成等长的条形粒。

（2）影响因素　原料应为粒度均匀的细粉末，经过润湿，成为均一的胶泥状物，以便于成型。有硬粒的混合均匀的物料常因粒子堵塞多孔过滤网而迫使挤条无法进行。

水的加入量与粒度结构及原料粒子孔隙度无关，粉末颗粒越细，水（黏合剂）加入越多，物料越易流动，越容易成型。但黏结剂量过大，使挤出的条形状不易保持。因此，要使浆状物固定，并具有足够的保持形状的能力，就应选择适当的黏合剂加入量。另外也要考虑到挤条成型后的干燥操作。黏合剂含量越多，干燥后收缩越大。干燥后的水合氧化铝粉等适于加硝酸或磷酸捏合，这种酸化后形成的胶状物可以作为黏合剂。如果捏合后的物料塑性好，也可以直接挤条，不加黏合剂。水合氧化铝粉末中粒子的大小必须有适当的比例，一般要严格控制物料的筛分规格。如果都是粗粒子，加酸胶化困难，成型后强度不好。如果都是微小的晶体粒子或胶体粒子，则原料干粉制备中的洗涤又相当困难。

（3）挤条成型设备　为了使物料挤条成型，最重要的是挤条设备能连续而均匀地向物料施加足够的压力。

比较简单的挤条装置是活塞式（注射式）挤条机。这种装置能使物料在压力的作用下，强制穿过一个或数个孔板。最常见的挤条成型装置是螺旋挤条机（单螺杆），其结构如图3-11所示。这种设备广泛用于陶瓷、电瓷厂的练泥工序与催化剂的挤条成型工序。

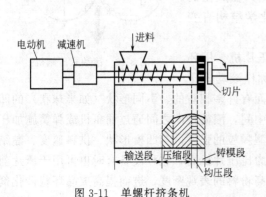

图 3-11　单螺杆挤条机　　　　图 3-12　油中成型的原理

3. 油中成型

油中成型常用于生产高纯度氧化铝、微球硅胶和硅酸铝球等。例如，先将一定 pH 值及浓度的硅溶胶或铝溶胶，喷滴入加热了的矿物油柱中，由于表面张力的作用，溶胶滴迅速收缩成珠，形成球状的凝胶。常用的油类是相对密度小于溶胶的液体烃类矿物油，如煤油、轻油、轴润滑油等。得到的球状凝胶经油冷硬化，再水洗干燥，并在一定的温度下加热处理，以消除干燥引起的应力，最后制得球状硅胶或铝胶。微球的粒度为 $50\sim500\mu m$，小球的粒度为 $2\sim5mm$，表面光滑，有良好的机械强度。油中成型的原理如图 3-12 所示。

4. 喷雾成型

喷雾成型是应用喷雾干燥的原理，利用类似奶粉生产的干燥设备，将悬浮液或膏糊状物料制成微球形催化剂的成型方法。通常采用雾化器将溶液分散为雾状液滴，在热风中干燥而获得粉状成品。目前，很多流化床用催化剂大多利用这种方法制备。喷雾法的主要优点如下：

① 物料进行干燥的时间短，一般只需要几秒到几十秒，由于雾化成几十微米大小的雾滴，单位质量的表面积很大，因此水分蒸发极快；

② 改变操作条件，选用适当的雾化器，容易调节或控制产品的质量指标，如颗粒直径、粒度分布等；

③ 根据要求可以将产品制成粉末状产品，干燥后不需要进行粉碎，从而缩短了工艺流程，容易实现自动化和改善操作条件。喷雾成型工艺过程如图 3-13 所示。

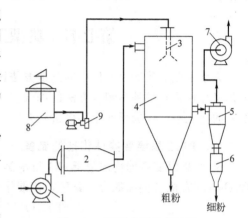

图 3-13 喷雾成型工艺过程
1—送风机；2—热风炉；3—雾化器；4—喷雾成型塔；5—旋风分离器；6—集料斗；7—抽风机；8—浆液罐；9—送料泵

5. 转动成型

转动成型亦是常用的成型方法，适用于球形催化剂的成型。本法将干燥的粉末放在回转着的倾斜 $30°\sim60°$ 的转盘里，慢慢喷入黏合剂，例如水，由于毛细管吸力的作用，润湿了的局部粉末先黏结为粒度很小的颗粒称为核。随着转盘的继续运动，核逐渐滚动长大，成为圆球。

转动成型法所得产品，粒度比较均匀，形状规则，也是一种比较经济的成型方法，适合于大规模生产。但本法产品的机械强度不高，表面比较粗糙。必要时，可增加烧结补强及球粒抛光工序。

影响转动成型催化剂质量的因素很多，主要有原料、黏合液、转盘转数和倾斜度等。

粉末颗粒越细，成型物机械强度越高。但粉末太细，成球困难，且粉尘大。

结合液的表面张力越大，成型体的机械强度越高。在成球过程中如恰当地控制整个球体湿度均匀，必须控制结合液的喷射量。喷射量小，成球时间相对比较长，且造成球体内外湿度不均匀。喷射量大，球体湿度大，易形成"多胞"现象，破坏了成型过程，使成球困难。如硅粉成球时其粉液比（kg/L）一般为（1：1.15）～（1：1.26）。

球的粒度与转盘的转数、深度、倾斜度有关。加大转数和倾斜度，粒度下降，转盘越深，粒度越大。

为了使造球顺利进行，最好加入少量预先制备的核。在造球过程中也可以用制备好的核来调节成型操作，成品中夹杂的少量碎料及不符合要求的大、小球，经粉碎后，也可以作为核，送回转盘而回收再用。

用于转动成型的设备，结构基本相同。典型的设备有转盘式造粒机，其结构如图 3-14 所示。它有一个

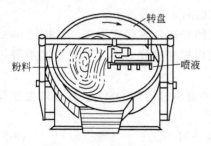

图 3-14 转盘式造粒机

倾斜的转盘，其上放置粉状原料。成型时，转盘旋转，同时在盘的上方通过喷嘴喷入适量水分，或者放入含适量水分的物料"核"。在转盘中的粉料由于摩擦力及离心力的作用，时而被升举到转盘上方，又借重力作用而滚落到转盘下方。这样通过不断转动，粉料之间互相黏附起来，产生一种类似滚雪球的效应，最后成为球形颗粒。较大的圆球粒子，摩擦系数小，浮在表面滚动。当球长大到一定尺寸，就从盘边溢出，变为成品。

第七节 典型工业催化剂制备实例

大型工业催化剂生产厂中的制造方法比较复杂，有些专门设备也是实验室所没有的，其工艺又往往是多种基本制备方法的综合应用。随着工艺的进步，催化剂生产专利还处在层出不穷的变化中。现选择两个实例进行介绍。

一、B112 高温变换催化剂的制备

B112 高温变换催化剂用于 CO 与水蒸气生成 CO_2 的反应，适用于气体脱 S 条件较差、含 H_2S 和有机 S 偏高的合成氨厂，该催化剂可在常压和加压的条件下使用。反应式为：

$$CO + H_2O(气) \longrightarrow CO_2 + H_2 + \Delta H \tag{3-4}$$

主要工艺指标：

使用的温度范围　　　$290 \sim 500℃$

正常操作温度　　　　$300 \sim 480℃$

干气空速　　常压，$3000 \sim 5000h^{-1}$；加压$\geqslant 0.7MPa$，$600 \sim 1000h^{-1}$

水煤气/半水煤气（体积）　$\geqslant 0.6$

原料气中含 S 量（以 H_2S 计，标准状态）　$\leqslant 1.5g/m^3$

原料气含氧量　　$\leqslant 0.5\%$

饱和循环水中总固体含量　　$\leqslant 500 \times 10^{-6}$（体积分数）

(1) 生产所用原料及规格　生产 B112 高温变换催化剂所用原料及规格如表 3-7 所示。

表 3-7　生产 B112 高温变换催化剂所用原料及规格

原料品种	规格
硫酸亚铁($FeSO_4 \cdot 7H_2O$)	$FeSO_4 \cdot 7H_2O \geqslant 85\%$（湿基），$TiO_2 \leqslant 1\%$（湿基）水不溶物$\leqslant 0.5\%$（湿基），外观为蓝绿色晶体
碳酸氢铵	$S^{2-} \leqslant 0.01\%$，$Cl^- \leqslant 0.02\%$
工业氨水	$NH_3 \cdot H_2O(16\% \sim 18\%)$
铬酸酐	$CrO_3 \geqslant 99\%$（干基），$SO_4^{2-} \leqslant 0.15\%$（干基）$Cl^- \leqslant 0.02\%$（干基），水不溶物$\leqslant 0.15\%$（干基）
钼精矿	$MoO_3 \geqslant 65\%$（湿基），约 $75\mu m$ 左右粒子$\geqslant 80\%$（干基）

(2) 生产工序　B112 高温变换催化剂生产工艺流程如图 3-15 所示。

① 硫酸亚铁的溶解。硫酸亚铁溶解于水，随着温度的升高，溶解度增大。当超过 64℃时，由于形成稳定的 $FeSO_4$，因而溶解度反而减小，故再提高温度，不但不能加速溶解过程，反而降低溶解度。

当使用钛白粉厂副产品硫酸亚铁时，由于硫酸亚铁中有少量的 $TiOSO_4$，当溶解温度高于 70℃时，$TiOSO_4$ 会发生水解，其反应式如下：

$$TiOSO_4 + 2H_2O \longrightarrow H_2TiO_3 \downarrow + H_2SO_4 \tag{3-5}$$

水解后形成白色 $TiO_2 \cdot H_2O$，致使硫酸亚铁溶液浑浊。

基于上述原因，硫酸亚铁的溶解温度控制在 60℃左右。另外，为防止 $TiOSO_4$ 水解，溶解硫酸亚铁时，应先加固体硫酸亚铁，这样才能保持溶液始终有较高的酸度。实际生产中一般控制工艺指标为：温度 50～60℃，硫酸亚铁液浓度 100～180g/L。

② 碳铵母液的制备。用工业氨水和碳酸氢铵及水混合制成。先加入固定的底水，然后加入固体碳酸氢铵，最后加入工业氨水，混合搅拌 20～30min，最终控制母液水中 $(NH_4)_2CO_3$ 浓度为 170～250g/L，NH_4HCO_3 浓度为 30～70g/L。

③ 中和沉淀。在中和沉淀过程中，随着溶液 pH 值不同，产物也不同，生产实践证明，产物为 $FeCO_3$，同时也有 $Fe(OH)_2$ 生成。

实际生产过程中，中和沉淀的 pH 值一般控制在 7.5 左右，其主要反应如下：

$$FeSO_4 + (NH_4)_2CO_3 \longrightarrow FeCO_3 \downarrow + (NH_4)_2SO_4 \quad (3\text{-}6)$$

$$FeSO_4 + 2NH_4HCO_3 \longrightarrow$$
$$FeCO_3 \downarrow + (NH_4)_2SO_4 + H_2O + CO_2 \uparrow \quad (3\text{-}7)$$

$$FeCO_3 + H_2O \longrightarrow Fe(OH)_2 \downarrow + CO_2 \uparrow \quad (3\text{-}8)$$

$$2Fe(OH)_2 + \frac{1}{2}O_2 \longrightarrow 2Fe(OH)_3 \quad (3\text{-}9)$$

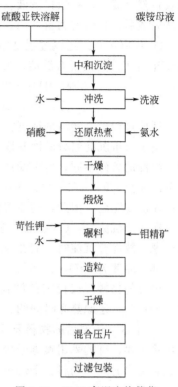

图 3-15　B112 高温变换催化剂生产工艺流程图

要得到一定物理化学性质的催化剂，必须选择适宜的沉淀温度、加料速度，并控制沉淀中的 pH 值。

中和沉淀通常在热溶液中进行，在低温下中和，有利于晶核的产生而不利于晶核的长大，故低温沉淀一般得到细小的晶核，提高温度可以加速晶核的长大，晶核大，沉淀物总表面积小，同时杂质的吸附量也少。结晶完全，且晶核大，虽有利于沉淀，但所制得的催化剂的比表面小，平均孔径大，催化活性低。一般认为中和温度以 60～70℃为宜。

硫酸亚铁和母液并流中和时，加料速度太快，或没有充分搅拌，容易产生局部过饱和，以致产生大量细小晶核，且很不均匀。当沉淀速度过快，易产生包藏现象，致使中和沉淀杂质含量高。生产经验表明：中和加料的时间控制在 2.5～3.5h 范围内（20m³ 沉淀桶，首先加 6～7m³ 底水），对催化剂的活性无明显的影响，关键是在于开始沉淀时流量要小，以便得到所需数量和大小的晶种。

在以母液作为沉淀剂时，CO_3^{2-} 在水中存在如下平衡：

$$CO_3^{2-} + H_2O \longrightarrow HCO_3^- + OH^- \quad (3\text{-}10)$$

溶液中存在着 CO_3^{2-}、HCO_3^-、OH^-，它们的浓度决定于溶液的 pH 值，当 Fe^{2+} 存在时，根据溶度积不同，可能产生碳酸盐、氢氧化物或碱式碳酸盐。一般认为，沉淀时 pH 值在 6.5～8.5 的范围内变动，对催化剂耐热后的活性影响不大。碱性大，沉淀颗粒大，沉降速度快。SO_4^{2-} 含量低，易洗涤，所制催化剂强度较差，耐热后活性较低，酸性大则反之，故中和沉淀过程一般控制溶液的 pH 值在 7.5～8.0 范围内，使洗涤后的 SO_4^{2-} 含量控制在较低值。

④ 冲洗。冲洗即中和完成后，让物料自然沉淀，放掉上面的清液，再加水搅拌起来，

让其自然沉淀后，再放掉清液。一般要求 $SO_4^{2-} \leqslant 2.5\%$ 为合格。正常每批料冲洗约为 4 次。冲洗完成后，合格的物料备用。按常规洗涤一次的时间约 2h，洗涤水温控制在 65～70℃。

⑤ 还原热煮。还原过程是铬酸酐被还原为三氧化二铬，从而与 $Fe(OH)_2$、$Fe(OH)_3$、$FeCO_3$ 等沉淀物的混合沉淀，使各组分均匀混合，其主要反应有：

$$6Fe(OH)_2 + 2CrO_3 + 3H_2O \longrightarrow 6Fe(OH)_3 \downarrow + Cr_2O_3 \downarrow \tag{3-11}$$

$$6FeCO_3 + 2CrO_3 + 9H_2O \longrightarrow 6Fe(OH)_3 \downarrow + 6CO_2 + Cr_2O_3 \downarrow \tag{3-12}$$

还原过程中，物料的浓度控制为 300～450g/L。

由于每组沉淀组分的溶解度不同，所以开始出现沉淀物和沉淀达到完全时的 pH 值都不同。沉淀的条件不同，各沉淀产物之间的均匀性也将有明显的差异。Fe^{3+} 酸性介质中就可以沉淀完全；Fe^{2+} 在中性介质中沉淀，而 Cr^{3+} 要到近中性介质时才开始沉淀，等到溶液显碱性才沉淀完全。因此，还原沉淀时一般控制 pH 值在 8.5 左右。

在还原沉淀后，CrO_3 的存在会对使用厂家有一定的影响，尤其对采用饱和烃升温的使用厂家，故混合沉淀时，应在 90～95℃下充分热煮，使铬酸酐充分被还原成 Cr_2O_3，一般控制其还原度为 $CrO_3 < 0.5\%$。

最终的物料形成稳定的结构，根据料浆的重量投入相应的铬酸，控制 CrO_3/Fe_2O_3 为 11%～13%。还原热煮时间约为 1h。热煮温度为 90～95℃。

⑥ 干燥。还原后的物料要经过干燥，干燥的途径较多，有的经压滤机压成滤饼，再进入烘箱干燥；有的采用喷雾干燥；有的采用薄膜干燥等。其过程主要是脱掉料浆中的水分，形成氧化物的固体物料。干燥过程对催化剂最终化学组分影响不大，而对半成品的化学组分影响较大。

除脱水外，干燥过程的主要反应有：

$$2Fe(OH)_2 + \frac{1}{2}O_2 + H_2O \longrightarrow 2Fe(OH)_3 \tag{3-13}$$

$$2FeCO_3 + \frac{1}{2}O_2 + 3H_2O \longrightarrow 2Fe(OH)_3 + 2CO_2 \uparrow \tag{3-14}$$

$$2Fe(OH)_3 \longrightarrow Fe_2O_3 \cdot H_2O + 2H_2O \tag{3-15}$$

$$2Fe_3O_4 + \frac{1}{2}O_2 \longrightarrow 3Fe_2O_3 \tag{3-16}$$

若采用压滤机压成滤饼后入烘箱干燥，一般烘箱温度控制在 100～150℃，烘干时间约为 16h。

⑦ 氧化铁的煅烧。将烘干的氧化物的混合物进一步脱水，使催化剂活性组分和助催化剂的碳酸盐类得以充分分解，以除去挥发性杂质，使其形成具有一定的化学组分和化学价态，得到一定的微晶粒度。$FeCO_3$ 进一步热分解成氧化铁 Fe_2O_3 的分解式如下：

$$FeCO_3 \longrightarrow FeO + CO_2 \uparrow \tag{3-17}$$

$$4FeO + O_2 \longrightarrow 2Fe_2O_3 \tag{3-18}$$

主要工艺指标：

焙烧温度	150～400℃
氧化铁含量	75%～85%
CO_2 含量	$\leqslant 2.5\%$

⑧ 碾料。碾料是使催化剂各组分混合均匀，碾压成紧密物料的固体。碾料的过程对改变固体催化剂的表面积和孔结构的性质有一定的作用。碾料过程实际上是固体粒子被逐渐粉碎，各组分均匀混合的过程。随着固体粒子的粉碎，粒子表面不断更新，一方面增加了粒子

的表面积，减小了平均半径，另一方面，也使组分分散均匀。既增加了催化剂的机械强度，又提高了催化剂的活性。碾料的过程也是一个活化的过程。

主要工艺指标：

碾料时间	45～55min
加料量	(200±2)kg
出料水分	16%～18%
钼矿加入比例	总量的 2%～2.5%
苛性钾（少量）	总量的 0.3%～0.5%

碾料后所得催化剂的组分主要是氧化铁、三氧化二铬、氧化钾和钼精矿。在 B112 高温变换催化剂中，各组分所起的作用是不同的。氧化铁的作用是：当催化剂被还原后，变为 Fe_3O_4，它是催化剂的主要活性组分，即主催化剂。三氧化二铬的作用是：均匀分布在催化剂的晶格间，与 Fe_3O_4 构成固溶体，在催化剂的长期使用过程中，防止 Fe_2O_3 晶粒长大，从而使催化剂具有较大的比表面，延长催化剂使用寿命。氧化钾的作用是：提高产品的活性，尤其对耐热后低温活性的提高更有利。钼精矿的作用是：增加催化剂的耐硫性能。

⑨ 造粒干燥。将碾压均匀的物料制成一定粒度的粒子烘干，供下道工序使用。

主要工艺指标：

粒度	8 目以下不小于 60%
干燥温度	250～350℃
粒子水分	2%～6%

⑩ 混合压片。将干燥的粒子加入一定量的石墨（1%～2%），经压片机压片成型。石墨主要起润滑作用，以减少压片过程中冲钉和冲模的摩擦，从而保证片剂的完整性。

压片成型是使固体催化剂具有一定的机械强度和适当的形状。

主要工艺指标：

片剂的强度（侧压）	≥196N/cm
片高	6～8mm
片剂直径	9.0～9.2mm

（3）主要设备

制备 B112 高温变换催化剂的主要设备包括硫酸亚铁溶解桶、中和沉淀桶、碳铵溶液储槽、热水桶、转炉、碾压机、造粒机、旋转式压片机、泵和电动葫芦等。

二、硫酸生产用钒催化剂的制备

（1）概况　现代硫酸工业所用的 SO_2 氧化催化剂都是以钒氧化物为主催化剂、碱金属硫酸盐和焦硫酸盐为助催化剂，以硅藻土为载体，其活性组分可用以下通式来表示：

$$V_2O_{5-x} \cdot nMe_2O \cdot mSO_3$$

Me 代表碱金属原子，主要是钾。低温的钒催化剂含部分钠盐。通常的中温钒催化剂，n 约为 2.5～3.5；低温钒催化剂 n 约为 4～5。$0 < x < 1$，即钒原子最多还原为四价状态。x 和 m 的值均与操作条件下的温度和气体组分（SO_2、SO_3、O_2）有关，O_2 和 SO_3 的分压相对于 SO_2 分压越高，则 m 越大，而 x 越小。

钒催化剂活性组分在工业使用条件下（400～600℃，有 SO_3 存在）是黏度很高、像胶水一样的液体，负载在载体的表面上。这类催化剂通称为负载液相催化剂。

大多数研究者认为，在工业反应条件下，活性组分以双钒形式配合物存在，例如：

$$\left[\begin{matrix} \overset{O}{\underset{KO_3SO}{V}} - O - \overset{O}{\underset{KO_3SO}{V}} \end{matrix}\right]$$

反应历程简化为如下过程：

$$V_2O_5 + SO_2 \Longleftrightarrow V_2O_5 \cdot SO_2 \Longleftrightarrow V_2O_4 \cdot SO_3 \xrightarrow{\frac{1}{2}O_2} V_2O_5 + SO_3$$

对于不同的硫酸厂，如原料气组分不同、气体净化流程不同、转化器结构不同等，对催化剂性能要求常有一定区别。对于极个别的特殊情况，可以和催化剂研究单位或催化剂厂商协商，制造特殊的催化剂。

（2）中温钒催化剂主要物化性能

① 物理性质。

外观　　　　$\phi(5\sim9)$mm 的圆柱体

长度　　　　$5\sim20$mm

颜色　　　　棕红或菊黄

堆密度　　　$0.55\sim0.65$g/L

比表面积　　$5\sim15$m^2/g

② 主要化学组成。

V_2O_5　　　主催化剂

K_2SO_4　　　助催化剂

SiO_2　　　载体

通称为钒-钾-硅体系催化剂，目前全世界的硫酸生产都使用钒催化剂，钒催化剂系列主要包括低温催化剂、中温催化剂和宽温催化剂，方向是向宽温发展。在此重点介绍的是中温钒催化剂。

（3）中温钒催化剂工艺流程中温钒催化剂工艺流程如图 3-16 所示。

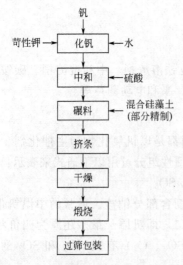

图 3-16　中温钒催化剂生产工艺流程图

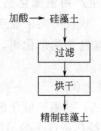

图 3-17　硅藻土的精制流程

（4）生产过程简介及主要控制指标。

① 生产所需原料及原料规格。

五氧化二钒	≥97%
工业硫酸	≥92.5%
苛性钾	≥92%
硅藻土 SiO_2	≥70%

② 硅藻土的精制。在硅藻土的料浆中加入浓硫酸热煮除去其中的金属氧化物及有机杂质（如图 3-17 所示）。控制指标为：

料浆浓度	250～350g/L
硫酸浓度（料浆中）	20%～40%
热煮温度	90～100℃
热煮时间	8～12h

③ 化钒。将原料五氧化二钒溶于苛性钾溶液中，通过热煮、搅拌、澄清对原料进行净化，并按要求配制成合格的钒水。控制指标为：

钒水浓度	200～250g/L
钾钒比（摩尔比）	2.55～3.00
钒水含铁量	≤0.1g/L
密度	1.34～1.44g/L
热煮温度	90～100℃

④ 中和配料。按配方备好钒水和硫酸，按配方准确称量其他生产原料，供碾料使用。首先是钒水和硫酸按一定的量进行中和搅拌，最后测定 pH 值使之达到要求。

主要工艺指标：

| 中和酸碱度 pH 值 | 2～4 |
| 硅藻土用量 | 120～150kg 硅藻土（烧失基）/碾 |

⑤ 碾料。将配好的各种物料加入碾子充分混合均匀，并适当加水碾压，使物料具有一定的可塑性，供挤条成型。

碾压时间控制在 50～90min。

⑥ 成型干燥。将碾好的物料根据生产需要挤压成型，用铝盘送入烘箱内干燥后，供煅烧岗位使用。

| 挤条规格（根据生产商所需） | 中温条为 $\phi4.54～5.5mm$ |
| 生条水分 | ≤9% |

⑦ 煅烧包装。按工艺要求对生条进行高温煅烧，并负责对成品进行过筛和储存。主要控制指标为：

煅烧温度	500～750℃
成品强度（侧压）	≥60N/cm
钒含量	≥7.5%
完好率	≥85%
低强度	≤10%

（5）主要设备 制备硫酸生产用钒催化剂的主要设备包括酸处理桶、硫酸储槽、配料桶、滤机、烘箱、化钒池、钒水高位槽、钒水澄清桶、中和桶、挤条机、转炉、过筛设备、泵和电动葫芦等。

第八节 固体催化剂制备方法的新进展

以催化剂制备方法为核心的催化剂技术，在不断地发展，从而形成了与前述几大传统制备方法有原则性区别的许多新的方法和技术。

本节将简要讨论的是可望在今后大规模用于固体工业催化剂的新的制备方法。

一、纳米材料与催化剂

在近一二十年涌现出的无机新材料，是发展很快的高新技术产业之一。在无机新材料的生产和应用方面，超细微粒新材料，即纳米（nm）材料，其发展特别引人注目。这种新材料的主要特征是，其基本构成是数个纳米直径的微小粒子。

新型无机纳米材料，目前已在众多高新技术领域开始实际应用，如传感器、信息存储与转换材料、超（电）导材料、光电转换材料、新型功能陶瓷等。而这些新型无机材料的制备工艺，也有供固体催化剂借鉴或移植的可能。

实验证明，构成固体材料的微粒，如果在充分细化，由微米级再细化到纳米级之后，由量变到质变，将可能产生很大的"表面效应"，其相关性能会发生飞跃性突变，并由此带来其物理的、化学的以及物理化学的诸多性能的突变，因而赋予材料一些非常或特异的性能，包括光、电、热、化学活性等各个方面。现以纯铜粒子为例，说明这种纳米微粒的表面效应。

铜粒子粒径越小，其外表面积越大，从微米级到纳米级，大体呈几何级数增加的趋势，如表 3-8 所示。

表 3-8　铜粒子粒径与表面积

粒径/Nm	表面积/(cm²/mol)	粒径/Nm	表面积/(cm²/mol)
10000	4.3×10^4	10	4.3×10^7
1000	4.3×10^5	1	4.3×10^8
100	4.3×10^6		

铜粒子粒径与表面原子比例的关系如图 3-18 所示。

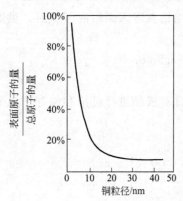

图 3-18　铜粒子粒径与表面原子比例的关系

下面所要介绍的新型凝胶法及微乳液化技术，虽然是其他新型无机精细化新材料中正在开拓和发展的新技术，但显然在某种意义上也可供超细微粒的新型催化剂制备加以移植或借鉴。

二、凝胶法与微乳化技术

（1）凝胶法　凝胶法在新型无机新材料制备中也有广泛应用。它和前述的超均匀共沉淀法有相似的部分，但却又不完全相同。

例如，若需要制取特种陶瓷 $PbTiO_3$ 的超细粉末前驱体，需要使 TiO_2 与 PbO 粉充分细化，并最好等分子结合，而后再通过烧结的固相反应形成。为此设计并成功实现了如下的方法，如图 3-19 所示。

从图 3-19 可以看出，如果使用 $TiCl_4$ 与 $Pb(NO_3)_2$ 混合，加 $NH_3 \cdot H_2O$，即为前述的传统的双组分共沉淀法。而这里的改进，在于 $TiCl_4$ 先用 $NH_3 \cdot H_2O$ 单独沉淀得碱式氧化

钛 $TiO(OH)_2$ 后，再反加酸调 pH 值，使之形成碱式氧化钛的纳米级分散的胶体溶液，再与 $Pb(NO_3)_2$ 充分混匀成为细分散胶体。而后，再加 $NH_3 \cdot H_2O$，使 $Pb(OH)_2$ 沉淀于 $TiO(OH)_2$ 的外层。于是最后形成纳米级的共沉淀双组分氢氧化物。由于胶体 $TiO(OH)_2$ 与 $Pb(NO_3)_2$ 溶液已预先分散均匀，共沉淀时也就不存在时间差和空间差，可以均匀而同步地形成共沉淀物。

假定用这种工艺沉淀的是 TiO_2 和 PbO，所得的超细微粒既可作特种陶瓷，也有希望作催化剂载体。如果再用相似工艺引入 Fe、Cu、Ni 等金属氧化物，那么同样可以制成高性能的催化剂。

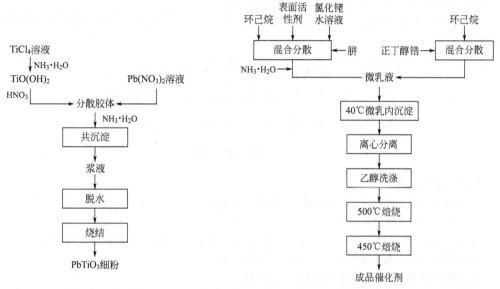

图 3-19　纳米级 $PbTiO_3$ 制备工艺　　　图 3-20　微乳化技术制备 Rh/ZrO_2 催化剂流程

（2）微乳化技术　以使用该技术制备氧化锆负载的高活性铑催化剂为例，如图 3-20 所示。

从图 3-20 可以看出，本法在微乳液中加热 40℃ 之后的一步反应，与前述的超均匀共沉淀法相类似。这里沉淀母体之一的锆盐，使用了锆的金属有机盐化合物。而为了在沉淀前造成微分散的乳液，使用了铑的水溶性盐类与憎水的油性环己烷分散剂，再辅以表面活性剂，这样在高速的搅拌下，即形成铑盐的微乳分散体，于是该工艺部分类似于普通的乳液聚合。分散在微乳液中的铑盐，在加入还原剂肼后，即还原成纳米级铑细晶，再通过加热沉淀，负载于载体氧化锆上。因此，本制备工艺的设计是吸收了几种无机和有机制备反应的特点而形成的。

三、气相淀积法

所谓气相淀积是利用气态物质在一固体表面进行化学反应后，在其上生成固态淀积物的过程。如以下较为常见的反应：

$$2CO \xrightarrow{约\ 500℃} CO_2 + C \tag{3-19}$$

这个反应早已用于气相法制超细炭黑，用作橡胶填料。厨房炉灶中的热烟气在冷的锅底或烟囱壁形成的炭黑，也就是发生了这种气相淀积反应。

由于气相淀积反应与前述的溶液中的沉淀反应不同，它是在均匀气相中一两个分子反应后从气相分别沉淀而后积于固体表面的，因此可知，第一，它可以制超细物，其他分子不可能在完全相同的条件下正好也发生淀积反应，于是可以超纯；第二，它是在由分子级别上淀积的粒子，可以超细。沉积的细粒还可以在固体上用适当工艺引导，形成一维、二维或三维的小尺寸粒子、晶须、单晶薄膜、多晶体或非晶形固体。因此，从另一个角度看，也可视为是纳米级的小尺寸材料。

气相淀积法，已经成功用于制取特殊的高新材料，如超电导材料 Nb_3Ga，微电子材料中的单晶硅，金属硬质保护层碳化钛，太阳能电池板 SiO_2/Si。这些材料，或由于超纯（或精确掺杂），或由于特殊的微观晶体构造，同样由量变到质变产生特异性能，如碳须的单位强度高于钢、光纤导管的光通量大而损耗少等。

下面的一些淀积反应，机理已比较成熟，有一定应用价值，其中有些反应可望用于催化剂制备。

$$SiH_4(气) \xrightarrow{800\sim1000℃} Si\downarrow + 2H_2 \qquad (3-20)$$

$$Pt(CO)_2Cl_2(蒸气) \xrightarrow{600℃} Pt\downarrow + 2CO + Cl_2 \qquad (3-21)$$

$$Ni(CO)_4(蒸气) \xrightarrow{140\sim240℃} Ni\downarrow + 4CO \qquad (3-22)$$

思 考 题

1. 试述沉淀法的一般操作过程。
2. 单组分沉淀法和共沉淀法有何缺点？并分别解释均匀沉淀法和超均匀共沉淀法的含义。
3. 试说明沉淀剂的选择原则。
4. 试解释沉淀的陈化、洗涤、干燥、焙烧、活化等单元操作的含义。焙烧的目的是什么？
5. 试简述浸渍法制备催化剂的一般操作过程及其基本原理。
6. 试分别解释混合法、热熔融法和离子交换法。
7. 催化剂成型的含义？为什么说成型是固体催化剂制备中的一个重要工序？
8. 试分别解释压片成型、挤条成型、油中成型、喷雾成型和转动成型的原理。
9. 写出 B112 高温变换催化剂催化反应的方程式。该催化剂的化学组成是什么？请简述其生产工艺过程。
10. 写出硫酸生产用钒催化剂催化反应的方程式。该催化剂的化学组成是什么？请简述其生产工艺过程。

第四章　工业催化剂使用技术

【学习目标】　了解工业催化剂使用过程中的一般操作经验，掌握工业催化剂在运输、装卸、活化、钝化、烧炭、活性衰退防治等方面的一般操作要求，理解相关的典型实例。

由于大多数化学反应均有催化剂参加，因此不难理解，化工厂的有效运行，很大程度取决于管理者和操作者对于催化剂使用经验和操作技术的掌握。

在经过试用积累正反面经验的基础上，定型工业催化剂若要保持长周期的稳定操作及工厂的良好经济效益，往往应考虑和处理下列各方面的若干技术和经济问题，并长期积累操作经验。

第一节　催化剂的运输与装卸

在装运中防止催化剂的磨损污染，对每种催化剂都是必要的。许多催化剂使用手册中为此作出了严格的规定。装填运输中还往往规定使用一些专用的设备。如图 4-1～图 4-3 所示。

图 4-1　搬运催化剂桶的装置

图 4-2　装填催化剂的装置

多相固体工业催化剂中，目前使用较多的是固定床催化剂。正确装填这种催化剂，对充分发挥其催化效能，延长其寿命，尤为重要。

固定床催化剂装填最重要要求是保持床层断面的阻力降均匀。特别是合成氨转化炉的列管式反应器，有时数百炉管间的阻力降要求偏差在 3%～5% 以内，要求异常严格。这时使用如图 4-4 所示的压力降测试装置逐根检查炉管的压力降。

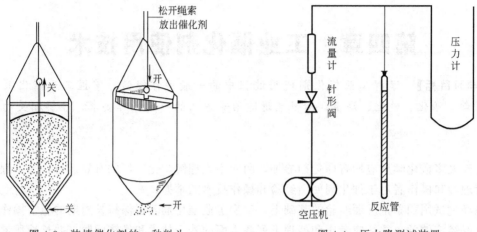

图 4-3 装填催化剂的一种料斗   图 4-4 压力降测试装置

催化剂的运输和装卸是一件有较强技术性的工作。催化剂从生产出厂到催化剂在工业反应器中就位并发挥效能，其间每个环节都可能有不良影响甚至隐患存在。在我国大型合成氨装置，曾发生过列管反应器中部分炉管装填失败，开车后产生问题停车重装的事件。一次返工开停车的操作，往往损失数十万元。

装填前要检查催化剂是否在运输储存中发生破碎、受潮或污染。尽量避开阴雨天的装填操作。发现催化剂受潮，或者生产厂家基于催化剂的特性而另有明文规定时，催化剂在装填前应增加烘干操作。

装填中要尽量保持催化剂固有的机械强度不受损伤，避免其在一定高度（0.5～1m 不等）以上自由坠落时，与反应器底部或已装催化剂发生撞击而破裂。大直径反应器内催化剂装填后耙平时，也要防止装填人员直接践踏催化剂，故应垫加木板。固体催化剂及其载体中金属氧化物材料较多，而它们多是硬脆性材料，其抗冲击强度往往较抗压强度低几倍到十余倍，因此装填中防止冲击破损，是较为普遍的一致要求。如果在大修后重新装填已作用过的旧催化剂时，一是需经过筛，剔出碎片；二是注意尽量原位回装，即防止把在较高温度使用过的催化剂，回装到较低温度区域使用，因为前者可能比表面积变小、孔率变低，甚至化学组成变化（如含钾催化剂各温区流失率不同）、可还原性变差等，导致催化剂性能的不良或与设备操作的不适应。

当催化剂因活性衰减不能再用，卸出时，一般采用水蒸气或惰性气体将催化剂冷却到常温，而后卸出。对不同种或不同温区的卸出催化剂，注意分别收集储存，特别是对可能回用的旧催化剂。废催化剂中，大部分宝贵的金属资源在反应中并不消耗。回收其中的有色金属，可以补充催化剂的不足并降低生产成本，对铂、铑、钯等贵重稀缺金属，更应如此。

以均四甲苯氧化制备均苯四甲酸二酐所用催化剂的装填为例，其操作要点如下所述。

催化剂被装填于数百根垂直固定在反应器中的反应管内。装填时应以保证工艺气体均匀分配到各反应管中为根本目的。理想的装填状况是每根反应管内装入同体积、同高度、同重量的催化剂。

装填前，先做以下准备工作：清理每根列管，作到无锈干燥；在每根列管下端装上弹簧；根据列管数量放大一定比例称量催化剂及瓷环填料；准备好测床层阻力所需装置及相关表格。

先在每根列管的底部弹簧上装填等量的瓷环填料，再在每根列管中装入等量的催化剂，最后在每根列管中催化剂的上部装填等量的瓷环填料。为保证反应正常进行，每根列管所装填的催化剂及两端填料的量及松紧程度（密度）尽量一样，以保证每根列管的床层阻力一样。初装填完毕后，对每根列管进行阻力测定，确定允许阻力的误差，对超阻力误差及装填密度不一样的列管要进行校正，方法是通过增减列管上端的填料来调整。对阻力相差较大的列管须重新装填。

第二节　催化剂的活化与钝化

许多金属催化剂不经还原无活性，而停车时一旦接触空气，又会升温烧毁。所以，开车前的还原及停车后的钝化，是使用工业催化剂中的经常性操作。氧化及还原条件的掌握要通过许多实验室的研究，并结合大生产流程、设备的现实条件进行综合设定。

多相固体催化剂其活化过程中往往要经历分解、氧化、还原、硫化等化学反应及物理相变的多种过程。活化过程中都会伴随有热效应，活化操作的工艺及条件，直接影响催化剂活化后的性能和寿命。

活化过程有的是在催化剂制造厂中进行的，如预还原催化剂。但大部分却是在催化剂使用厂现场进行的。活化操作也是催化剂使用技术中一项非常重要的基础工作，它也是活化催化剂的最终制备阶段。各种定型工业催化剂，其操作手册对活化操作都有严格的要求和详尽的说明，以供使用厂家遵循。以下列举一些最常见的活化反应。

用于烃类加氢脱硫的钼酸钴催化剂 $MoO_3 \cdot CoO$，其活化状态是硫化物而非氧化物或单质金属，故催化剂使用前须经硫化处理而活化。硫化反应时可用多种含硫化合物做活化剂，其反应和热效应不同。若用二硫化碳做活化剂时，其活化反应如下：

$$MoO_3 + CS_2 + 5H_2 \longrightarrow MoS_2 + CH_4 + 3H_2O \tag{4-1}$$

$$9CoO + 4CS_2 + 17H_2 \longrightarrow Co_9S_8 + 4CH_4 + 9H_2O \tag{4-2}$$

烃类水蒸气转化反应及其逆反应甲烷化反应，均是以金属镍为催化剂的活化状态。出厂的含氧化镍的工业蒸汽转化催化剂，用 H_2、CO、CH_4 等还原性气体还原，其所涉及的活化反应有：

$$NiO + H_2 \longrightarrow Ni + H_2O \qquad \Delta H(298K) = 2.56 kJ/mol \tag{4-3}$$

$$NiO + CO \longrightarrow Ni + CO_2 \qquad \Delta H(298K) = 30.3 kJ/mol \tag{4-4}$$

$$3NiO + CH_4 \longrightarrow 3Ni + CO + 2H_2 \quad \Delta H(298K) = 186 kJ/mol \tag{4-5}$$

工业 CO 中温变换催化剂，在催化剂出厂时，铁氧化物以 Fe_2O_3 形态存在，必须在有水蒸气存在条件下，以 H_2 和/或 CO 还原为 Fe_3O_4（即 $FeO + Fe_2O_3$），才会有更高的活性。

$$3Fe_2O_3 + H_2 \longrightarrow 2Fe_3O_4 + H_2O \qquad \Delta H(298K) = -9.6 kJ/mol \tag{4-6}$$

$$3Fe_2O_3 + CO \longrightarrow 2Fe_3O_4 + CO_2 \qquad \Delta H(298K) = -50.8 kJ/mol \tag{4-7}$$

工业氨合成催化剂，主催化剂 Fe_3O_4 在还原前无活性。氨合成催化剂的活化处理，就是用 H_2 或 N_2-H_2 将催化剂中的 Fe_3O_4 还原成金属铁。在这一过程中，催化剂的物理化学性质将发生许多重要变化，而这些变化将对催化剂性能发生重要影响，因此还原过程中的操作条件控制十分重要。在以 H_2 还原的过程中，主要化学反应可用下式表示：

$$Fe_3O_4 + 4H_2 \longrightarrow 3Fe + 4H_2O \qquad \Delta H(298K) = 149.9 kJ/mol \tag{4-8}$$

还原反应产物铁是以分散很细的 α-Fe 晶粒（约 20nm）的形式存在于催化剂中，构成氨合成催化剂的活性中心。

除活化外，个别工业催化剂还有其他一些预处理操作，例如 CO 中温变换催化剂的放硫操作。这里的放硫操作，指催化剂在还原过程中，尤其是在还原后升温过程中，催化剂制造时原料带入的少量或微量硫化物，以 H_2S 的形态逸出。放硫操作可以使下游的低温变换，使催化剂免于中毒。再如某些顺丁烯二酸酐合成用钒系催化剂，使用前在反应器中的"高温氧化"处理，是为了获得更高价态的钒氧化物，因为它具有较好的活性。

以国产铁-铬系 CO 中温变换催化剂的活化操作为例，扼要说明工业活化操作可能面临的种种复杂情况及其相应对策。其他催化剂也可能面临与此大同小异的情况。

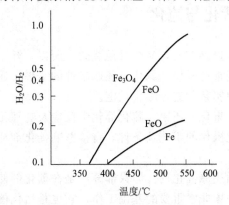

图 4-5　不同 H_2O/H_2 比值下，
Fe₃O₄、FeO 和铁的平衡相图

国产铁-铬系 CO 中温变换催化剂的活化反应，是将 Fe_2O_3 变为 Fe_3O_4，已如前述，见式（4-6）与式（4-7）。活化反应的最佳温度在 300～400℃之间，因此活化第一步需将催化剂床层升温。可以选用的升温循环气体有 N_2、CH_4 等，有时也用空气。用这些气体升温，在达到还原温度以前，一定要预先配入足够的水蒸气量后，方能允许配入还原工艺气，进行还原；否则会发生深度还原，并生成金属铁。

$$Fe_3O_4 + 4H_2 \longrightarrow 3Fe + 4H_2O$$
$$\Delta H(298K) = 150kJ/mol \qquad (4-9)$$

式（4-9）生成金属铁的条件取决于水氢比值，当这一比值大于图 4-5 所列的值时，不会有铁产生。

用 N_2 或 CH_4 升温还原时，除有极少量金属铁生成而影响活化效果之外，可能还会有甲烷化反应发生，且由于该反应放热量大，在金属铁催化下反应速率极快，容易导致床层超温。

$$CO + 3H_2 \longrightarrow CH_4 + H_2O \qquad \Delta H(298K) = -206.2kJ/mol \qquad (4-10)$$
$$CO_2 + 4H_2 \longrightarrow CH_4 + 2H_2O \qquad \Delta H(298K) = -165.0kJ/mol \qquad (4-11)$$

催化剂中含有 1%～3%的石墨，是作为压片成型时的润滑剂而加入的。若用空气升温，应绝对避免石墨中游离碳的燃烧反应。

$$2C + O_2 \longrightarrow 2CO \qquad \Delta H(298K) = -220.0kJ/mol \qquad (4-12)$$
$$CO + \frac{1}{2}O_2 \longrightarrow CO_2 \qquad \Delta H(298K) = -401.3kJ/mol \qquad (4-13)$$

在这种情况下，催化剂常会超温到 600℃以上，甚至引起烧结。为此，生产厂家应提供不同 O_2 分压条件下的起燃温度，例如国产催化剂建议在常压或低于 0.7MPa 条件下，用空气升温时，其最高温度不得超过 200℃。

用过热蒸汽或湿工艺气升温，必须在该压力下温度高于露点 20～30℃才可使用，以防止液态冷凝水出现，破坏催化剂机械强度，严重时导致催化剂粉化。

不论用何种介质升温，加热介质的温度和床层催化剂最高温度之差最好不超过 180℃，以防催化剂因过大温差产生的应力导致颗粒机械强度下降，甚至破碎。

在常压下以空气升温，当催化剂床层最低温度点高于 120℃时，即可用蒸汽置换。当分析循环气中空气已被置换完全，床层上部温度接近 200℃时，即可配入工艺气，开始还原。

还原时，初期配入的工艺气量不应大于蒸汽流量的 5%，逐步提量，同时密切注意还原时伴有的温升。一般控制还原过程中最高温度不得超过 400℃。待温度有较多下降，如从

400℃降至350℃以下时，再逐步增加工艺气通入量。按这种稳妥的还原方法，只要循环气空速大于$150h^{-1}$，从升温到还原结束，一般均可以在24h内顺利完成。

钝化是活化的逆操作。处于活化状态的金属催化剂，在停车卸出前，有时需要进行钝化，否则，可能因卸出催化剂突然接触空气而氧化，剧烈升温，引起异常升温或燃烧爆炸。钝化剂可采用N_2、水蒸气、空气，或经大量N_2等非氧化性气体稀释后的空气等。

第三节　催化剂的中毒与失活

关于催化剂中毒、失活的概念和原因在第二章的第一节已有所介绍。而由中毒引起的失活，几乎对任何工业催化剂都可能存在，故研究中毒的原因和机理以及中毒的判断和处理，是工业催化剂操作使用中一个普遍而重要的问题。对于处理中毒引起的失活，开发单位和使用单位应通过试验研究和工厂生产经验的积累，来总结有关的操作技术，以指导催化剂合理使用，现举两例进行说明。

（1）国产甲烷化催化剂硫中毒试验　在国内某厂进行测硫试验，一套测硫试验装置直接用工厂原料气进行试验，另一套采用活性炭充分脱硫，使入口气中的硫基本脱除干净再进行试验。通过对比试验，考查硫中毒对A、B两种国产甲烷化催化剂活性的影响，结果如表4-1所示。

表 4-1　工厂条件下硫中毒试验结果[①]

组别	反应炉号	催化剂名称	试验时间/h	脱硫措施	相对活性[②]		活性下降率[③]	催化剂吸硫量
					初活性	试验结束时		
I	1	A	80	无	38	9	80%	0.21%
	2			活性炭	43	43	0	—
II	1	B	58	无	50	20	80%	0.22%
	2			活性炭	100	102	0	—

注：① 试验条件：常压；入口温度300℃；入口气中（$CO+CO_2$）为0.3%～0.5%；硫含量（标准状态）为2～3mg/m³；运转空速与还原条件两组相近。②以B催化剂无硫气氛下的初活性为100计。③活性下降均以相同条件下的初活性为基准。

由表4-1可以看出：

a. 含硫气氛对甲烷化催化剂的初活性有明显的影响。如采用含硫气体进行还原，在还原过程中催化剂即发生硫中毒，对其活性损坏更为严重，活性下降率达50%左右（见表中B催化剂的对比数据）；

b. B催化剂抗硫性优于A催化剂；

c. 只要催化剂吸硫0.2%左右，A、B催化剂的活性下降率均为80%，这说明硫中毒是催化剂活性衰退的主要因素。

（2）天然气水蒸气转化催化剂的中毒及再生　该种催化剂活性组分为金属镍。硫是转化过程中最重要、最常见的毒物；很少的硫即可对转化催化剂的活性产生显著的影响，如表4-2所示。因此，要求原料气含硫量一般为0.1～0.3mg/m³；最高不超过0.5mg/m³为宜。

转化过程中突然发生转化气中甲烷含量逐渐上升，一段炉燃料消耗减少，转化炉管壁出现"热斑"、"热带"，系统阻力增加等均是催化剂中毒的征兆。

转化催化剂中毒后，会破坏转化管内积炭和消炭反应的动态平衡，若不及时消除将导致催化剂床层积炭，并产生热带。

表 4-2　原料气中硫含量对一段炉操作的影响

原料气硫含量 /(mg/m³)	一段炉出口温度 /℃	残余甲烷含量 (体积分数)/%	原料气硫含量 /(mg/m³)	一段炉出口温度 /℃	残余甲烷含量 (体积分数)/%
0.06	780	10.6	3.03	822.2	12.7
0.19	783.3	10.7	6.01	840.6	13.7
0.38	787.2	10.9	11.9	866.1	15.2
0.76	798.9	11.5	23.5	893.3	16.8
1.52	811.1	12.1			

硫中毒是可逆的，视其程度不同，而用不同方法再生。

轻微中毒时，换用净化合格的原料气，并提高水碳比，继续运行一段时间，可望恢复中毒前活性。

中度中毒时，停车时在低压并维持 700～750℃ 温度下，以水蒸气再生催化剂，然后重新用含水湿氢气还原并再生。活化后按规定程序投入正常运转。

重度中毒时，一般伴生积炭，应先行烧炭后，按中度硫中毒再生程序处理。

砷是另一重要毒物。砷对转化催化剂的毒害影响与硫中毒相似，但砷中毒是不可逆的，且砷还会渗入转化管内壁。砷中毒后，应更换转化催化剂并清刷转化管。

氯和其他卤素的毒害作用与硫相似，通常采用更低的允许含量在 $1×10^{-9}$ 的浓度级别。氯中毒虽是可逆的，但再生脱除时间相当长。

铜、铅、银、钒等金属也会使转化催化剂活性下降，它们沉积在催化剂上难以除去。

铁锈带入系统，会因物理覆盖催化剂表面而导致活性下降，但铁并非毒物。

第四节　催化剂的积炭与烧炭

以有机物为原料的石油化工反应，常见的副反应包括碳化物中元素碳的析出或沉积于催化剂上，故积炭也是许多石油化工催化剂常遇到的一种非正常操作之一，严重的甚至会造成固定床催化剂的完全堵塞。炼油用的催化裂化催化剂，极易使裂化原料烃积炭，故采用在移动床中进行周期烧炭再生的方法，方能维持连续运转。

现以轻油蒸汽转化催化剂为典型代表，讨论积炭与烧炭。由于原料性质和操作条件决定，这种催化剂发生积炭的概率较许多其他催化剂更大。

烃类（天然气或轻油）水蒸气转化过程中，形成碳的主要反应可能如下：

$$2CO \longrightarrow C+CO_2 \tag{4-14}$$

$$CO+H_2 \longrightarrow C+H_2O \tag{4-15}$$

$$CH_4 \longrightarrow C+2H_2 \tag{4-16}$$

在轻油转化时，还有较高级的烃热解而析碳：

$$C_nH_m \longrightarrow nC+\frac{m}{2}H_2 \tag{4-17}$$

其中式（4-17）所表示的积炭倾向与烃的种类有关。在转化条件相同时，积炭速度随烃中碳原子数增加而加快，而碳原子数相同时，芳烃较链烷烃及环烷烃易积炭，烯烃又较芳烃易积炭。相关实验数据如表 4-3 所示。

烧炭即除碳，是积炭反应的逆反应，见式（4-15）逆反应。这是以水使碳汽化而消去的水煤气反应；若改用 O_2 代替水，也可生成碳的氧化物而去碳。见式（4-12）与式（4-13）。

表 4-3 不同烃类的积炭速度

原料烃	丁 烷	正己烷	环己烷	正庚烷	苯	乙 烯
积炭速度/(mg/min)	2	95	64	135	532	17500
诱导期/min	—	107	219	213	44	<1

在实际操作中，积炭是轻油水蒸气转化过程常见且危害最大的事故。表现为床层压力增大、炉管出现花斑红管、出口尾气中甲烷和芳烃增多等。一般情况下，造成积炭的原因是水碳比失调、负荷增加、原料油重质化、催化剂中毒或钝化、温度和压力的大幅度波动等。

水碳比的波动对积炭的影响是显而易见的，特别是当操作不当或设备故障引起水碳比失调而导致热力学积炭时，会引起严重后果，常使催化剂粉碎和床层阻力剧增，不得不更换或部分更换催化剂。生产负荷过高，在一定温度条件下使烃类分压增加，易产生裂解积炭。原料净化不达标，使催化剂逐步中毒而活性下降，重质烃进入高温段导致积炭，因为热力学计算和单管中试证明，在床层顶部以下 3m 附近，存在一个"积炭危险区"。催化剂还原不良或被钝化，也会引起同样的结果。系统压力波动会引起反应瞬时空速增大而导致积炭。原料预热温度过高，炉管外供热火嘴供热过大，使转化管上部径向与轴向温度梯度过大，也容易产生热裂解积炭。

转化管阻力增加，壁温升高，催化剂活性下降等异常现象，几乎都可能由积炭引起，积炭是液态烃蒸汽转化过程中最主要的危险。因此，严格控制工艺条件，从根本上预防积炭的发生，才是最根本的措施。

为了防止积炭，要选择抗积炭性能优良的催化剂；要严格控制水碳比不低于设计值；要严格控制脱硫工段的工艺条件，确保原料中的毒物含量在设计指标以下，防止催化剂中毒失活；要防止催化剂床层长期在超过设计的温度分布下运行，以免引起镍晶粒长大而使催化剂减活；要保持转化管上部催化剂始终处于还原状态，以保证床层上部催化剂足够的转化活性，防止高级烃穿透到下部。催化剂的失活会引起积炭，而积炭又反过来引起催化剂的进一步失活，从而造成恶性循环。

催化剂若处于正常平稳的工艺条件下运行，导致积炭的反应主要是高级烃的催化裂解和热裂解，以及转化中间产物的聚合和脱氢等反应；同时存在的消炭反应，主要是碳与水蒸气的反应。这两种对立反应的此长彼消，决定着催化剂上的净积炭量，而两种反应的速度又分别受工艺条件和催化剂抗积炭性能的制约。

烧炭，可以视为使催化剂活性恢复的一种再生方法。催化剂轻微积炭时，可采用还原气氛下蒸汽烧炭的方法，即降低负荷至正常量的 30% 左右，增大水碳比（水分子与油中碳原子之比）至 10 左右，配入还原性气体至水氢比 10 左右，控制正常操作时的温度，以达到消除积炭的目的，同时可以保持催化剂的还原态。

空气烧炭热效应大，反应激烈，对催化剂危害大，一般不宜采用。但必要时，可在蒸汽中配入少量空气，约占蒸汽量的 2%～4%。防止超温，直至出口 CO_2 降至 0.1% 左右。烧炭结束后，要单独通蒸气 30min，将空气置换干净。

烧炭结束后，重新还原方可投油。重新还原时，最好选用比原始开车还原更加良好的条件，如更高的还原温度、氢分压或更长还原时间等。这是由于钝化反应的特别是含氧钝化反应的热效应较大，而且钝化反应经常是处在较高的温度下发生的。在较高的水热条件下多次钝化、还原，常常会使催化剂可还原性下降。

经烧炭处理仍不能恢复正常操作时，则应卸出更换催化剂。

当因事故发生严重的积炭,转化管完全堵塞时,则无法进行烧炭,也只有更换催化剂。

作为典型实例,现仍举由均四甲苯氧化成均苯四甲酸二酐所用催化剂的烧炭活化为例。

由于氧化过程中不可避产生焦炭,它附着在催化剂表面,随着时间推移附着量增加,将影响催化剂的性能,须对催化剂进行烧炭活化。

当热点位置下移较多,反应器换热介质(熔盐)温度升高、产率下降时,应对催化剂进行烧炭活化。根据催化剂和生产工艺的特性,用空气直接进行烧炭活化。

活化条件:温度450℃,风量(空气)400~600m³/h,时间6~8h。

操作:停止均四进料,停风机。开启熔盐槽中所有电热棒进行电加热,使熔盐温度升至450℃。开风机,调整风量,视活化开始。

第五节 催化剂活性衰退的防治

在使用催化剂时,如何使催化剂能够保持较高的活性而不衰退,或者使催化剂衰退后能够得到及时再生而不影响生产,通常需要针对不同的催化剂而采取相应的措施,下面分三种情况来说明。

(1)在不引起衰退的条件下使用 在烃类的裂解、异构化、歧化等反应过程中,析炭是必然伴生的现象。在有高压氢气存在的条件下,则可以抑制析炭,使之达到最小程度,催化剂不需要再生而可长期使用。除氢以外,还可用水蒸气等抑制析炭反应而防止催化剂的活性衰退。

由于原料中混入微量的杂质而引起的催化剂衰退,可在经济条件许可的范围内,将原料精制去除杂质来防止。

由于烧结及化学组成的变化而引起的衰退,可以采取环境气氛及温度条件缓和化的方法来防止。例如用 N_2O、H_2O 及 H_2 等气体稀释的方法使原料分压降低,改良撤热方法防止反应热及再生时放热的蓄积等。

(2)增加催化剂自身的耐久性 用这种方法将催化剂活性中心稳定并使催化剂寿命延长。提高催化剂耐久性的方法是把催化剂制备成负载型催化剂,工业催化剂大多是这种类型。也可使用助催化剂以使催化剂的稳定性进一步提高。

(3)衰退催化剂的再生 第一种方法是使催化剂在反应过程中连续地再生。属于这种情况的实例是钒和磷的氧化物系催化剂,用于 C_4 馏分为原料制取顺丁烯二酸酐,反应过程中由于磷的氧化物逐渐升华而消失,因此这种催化剂的再生方法是在反应原料中添加少量的有机磷化物,以补充催化剂在使用过程中磷的损失。又如乙烯法合成醋酸乙烯,使用 Pd-Au-醋酸钾/SiO_2 催化剂,助催化剂醋酸钾在使用过程中升华损失而使反应的选择性下降,因此连续再生催化剂的方法是在反应进行过程中恒速流加适量醋酸钾。

第二种方法是反应后再生。这种情况的实例是催化剂在使用过程中在催化剂表面上积炭,这种催化剂的再生是靠反应后将催化剂表面的积炭烧掉,也可以利用水煤气反应,用水蒸气将积炭转化掉。对苯二甲酸净化用加氢 Pd/C 催化剂,常被酸性大分子副产物覆盖其表面,近年常在使用数月后用碱液洗涤再生。

上面两个例子中催化剂的再生都可以在原有反应器里进行。工业催化剂的再生也有把催化剂取出反应器后用化学试剂或溶剂清洗催化毒物使其再生的方法。

第三种方法是采取容易再生催化剂的反应条件。由于一般催化剂的再生条件和反应条件有较大差异,两者对能量及设备材质消耗都不同。为此选择在便于催化剂再生的条件下进行反应，使两者同时得到满足。例如石油催化裂化的沸石催化剂，反应过程导致催化剂表面积炭，这样可以用燃烧法再生，但燃烧过程中释放出大量 CO 而产生公害，为此有人设计出这样一种催化剂，即把 Pt 载在 4A 型沸石分子筛上，使其与催化裂化催化剂共同用于催化反应，此时 4A 分子筛可促进 $CO+O_2 \longrightarrow CO_2$ 转化反应，而油分子又不能进入 4A 分子筛的孔内，因而不致产生裂化反应，这样就达到了反应和再生同时兼顾的目的。

当然，对于不同的催化剂，应采取不同的措施"对症下药"，才能很好地解决催化剂的活性稳定和长周期使用的问题。

第六节 催化剂的寿命与判废

投入使用后的催化剂，生产人员最关心的问题，莫过于催化剂能够使用多长时间，即寿命多长。工业催化剂的寿命随种类而异，如表 4-4 所列出的几种催化剂的寿命仅是一个统计的、经验性的范围。

表 4-4 几种工业催化剂及其寿命

反 应	催 化 剂	使用条件	寿 命
异构化 $n\text{-}C_4H_{10} \longrightarrow i\text{-}C_4H_{10}$	$Pt/SiO_2 \cdot Al_2O_3$	150℃1.5～3MPa	2 年
氢化 $CH_3OH \longrightarrow HCHO$	$Ag, Fe(MoO_4)_3$	600℃	2～8 月
氧化 $C_2H_4+HOAc+O_2 \longrightarrow C_2H_3OAc$	Pd/SiO_2	180℃,8MPa	2 年
重整 制苯	$Pt\text{-}Re/Al_2O_3$	550℃	8 年
氨氧化 $C_3H_6+NH_3+O_2 \longrightarrow CH_2{=}CH{-}CN$	$V, Bi\ MoO, 氧化物/Al_2O_3$	435～470℃ 0.05～0.08MPa	

对于已使用的催化剂，并非任何情况下都必须追求尽可能长的使用寿命，事实上，恰当的寿命和适时的判废，往往牵涉许多技术经济问题。显而易见，运转晚期带病操作的催化剂，如果带来工艺状况恶化甚至设备破损，延长其操作期便得不偿失。

至于某一工业催化剂运转中寿命预测和判废，涉及的问题比较复杂，在此不展开论述，读者可参阅其他书籍。

思 考 题

1. 催化剂运输和装卸时的一般要求是什么？
2. 试述均四甲苯氧化制备均苯四甲酸二酐所用催化剂的装填过程。
3. 试举例说明催化剂活化操作的重要性。
4. 催化剂在卸出前为什么要进行钝化？怎样进行钝化？
5. 试举例说明催化剂的中毒及其再生的处理方法。
6. 积炭有何危害？试举例说明引起积炭的原因。
7. 烧炭的一般操作要求是什么？
8. 如何防治催化剂活性的衰退？
9. 怎样理解催化剂的使用寿命与适时判废的关系？

第五章 常用工业催化剂

【学习目标】 了解催化氧化催化剂、加氢催化剂、脱氢催化剂、芳烃转化催化剂、石油炼制催化剂、化肥工业催化剂、环境保护催化剂和聚合反应催化剂的发展状况，掌握各类工业催化剂的典型实例。

第一节 催化氧化催化剂

一、概述

催化氧化是石油化学工业中一个非常重要的领域，使用范围约占石油化工总生产量的 1/3，近年世界催化氧化催化剂的销售额为 8000～9000 万美元/年，占化工催化剂总销售量的 16.6%。其中，最重要的是 $C_2 \sim C_5$ 的低级不饱和脂肪烃及苯、甲苯、二甲苯等芳香烃的催化氧化，这是制取醛、酸、酸酐、环氧化物等含氧化合物的反应。

根据反应物料相态的不同，氧化反应大致可分为气相氧化反应和液相氧化反应。目前，工业上气相氧化反应常用的催化剂多为复合氧化物，这些氧化物的表面能给出氧而吸附烃分子；而液相氧化反应中多采用有机酸的金属盐类或金属配合物等作催化剂。

根据 C—C 键是否断裂以及氧化的程度，氧化反应亦可分为 C—C 键不断裂的反应、C—C 键断裂的反应和深度氧化反应。例如，在不同催化剂的作用下，丙烯氧化生成丙醇、丙烯醛、丙酮或丙烯酸的反应，均属于 C—C 键不断裂的反应；而丙烯氧化制取乙醛或醋酸的反应，则属于 C—C 键断裂的反应；若烃类化合物氧化变成 CO 和 CO_2，即为深度氧化反应。其中，对于 C—C 键不断裂的反应，有效催化剂往往是 MoO_3 系或 Sb_2O_5 系复合氧化物；而对于 C—C 键断裂的反应，有效催化剂常是 V_2O_5 系复合氧化物。

一般说来，催化氧化反应的反应热比其他反应大，因此，首先要求所用催化剂的导热系数较大，以便能将反应热及时移去；同时，还要求所用催化剂的比表面积较小（孔隙少），以防止部分氧化产物在孔隙内进一步氧化分解。

在工业生产中，催化氧化的典型代表有邻二甲苯或萘氧化制苯酐、正丁烷或苯氧化制顺酐、甲醇氧化制甲醛、乙烯氧化制环氧乙烷和丙烯氨氧化制丙烯腈等多种生产实例，下面主要介绍邻二甲苯气相催化氧化制苯酐催化剂。

二、邻二甲苯气相催化氧化制苯酐

苯酐（即邻苯二甲酸酐的简称）作为十大有机化工原料之一，主要用于生产聚氯乙烯树脂增塑剂、不饱和聚酯树脂制玻璃钢制品、醇酸树脂涂料、酞菁染料及合成药物的原料。

据统计，世界上主要的苯酐生产国是美国、西欧和日本，其产量占世界总产量的 70% 以上。不包括中国内地在内，1997 年全球苯酐总生产能力约为 3749kt/a，同年消费量约为 3400kt/a，并以年均 4.0%～4.5% 的速率递增，至 2005 年可达 4600k～4800kt。

1997 年，我国苯酐生产能力为 380kt/a，产量为 253kt/a，需求量为 372kt/a。

苯酐最早是 1889 年德国 BASF 公司以萘为原料，汞盐为催化剂，于硫酸介质中液相催化氧化而获得的。

$$\text{(naphthalene)} + \frac{9}{2}O_2 \xrightarrow{\text{催化剂}} \text{(phthalic anhydride)} + 2CO_2 + 2H_2O + Q \qquad (5\text{-}1)$$

第二次世界大战之前，美、德两国一直使用以 V_2O_5 为催化剂、由煤焦油精制得来的萘为原料的固定床空气氧化工艺，战后才开发出萘流化床氧化工艺。但从煤焦油中分离和精制萘的过程十分复杂；而且由于一些大钢厂改变工艺，降低了对焦炭的需求，使煤焦油量减少，导致萘的产量供不应求。

1946 年，Orionit 化学公司（即 Chevron 公司的前身）首先开发出了以邻二甲苯为原料的气相氧化工艺。由于开发了流化床氧化过程，推广了以萘为原料的氧化方法，并于 20 世纪 50 年代初期首次实现了工业化；而且，以萘为原料得到的收率高，且在经济上较为合算。20 世纪 60 年代初期开发了由石油产品生产萘的工艺过程，使得以萘为原料生产苯酐的氧化工艺仍然占主导地位。

20 世纪 60 年代以后，石油化工得到了迅速的发展，用蒸馏法对石油重整产物进行提纯，可以得到大量的邻二甲苯，价格比较便宜。同时，由于催化剂及工艺条件的改进，以邻二甲苯路线生产苯酐的氧化选择性高，得到的产品纯度高，此后逐渐取代了以萘为原料生产苯酐的主导地位。例如，美国 1951 年邻二甲苯路线仅占 5%，而 1978 年则占 72%。

相对于萘法工艺而言，邻二甲苯气相氧化法生产苯酐的收率较高，碳的利用率也较高，反应放热量较小，多采用固定床装置。目前，世界苯酐生产所采用的工艺路线中，邻二甲苯固定床氧化技术约占世界总生产能力的 90% 以上，主要有 BASF、Wacker-Chemie、Elf Atochem(Rhone-Poulenc)/日触、Alusuisse 等几种典型的生产工艺。

我国从 20 世纪 50 年代中期开始生产苯酐，直至 80 年代仍以萘法工艺为主。从"七五"开始，我国先后引进了 BASF、Von Heyden、Alusuisse 邻二甲苯氧化法固定床工艺，我国自行研制的"70~80g"苯酐催化剂正处在工艺应用试用阶段，且已用于国产的 5k~10kt/a 装置上。预计在不久的将来可能应用在引进的大型装置上。

（1）催化反应及反应机理

① 催化反应。

$$\text{(o-xylene)} +3O_2 \xrightarrow[360\sim390℃]{\text{催化剂}} \text{(phthalic anhydride)} + 3H_2O + 1108.7\text{kJ/mol} \qquad (5\text{-}2)$$

若邻二甲苯完全氧化变成 CO_2 和 H_2O，则其反应热为部分氧化变成苯酐反应热的近 4 倍，为 4379.4kJ/mol。

反应的主产物是苯酐，副产物为顺酐、苯酞、CO_2 和 H_2O，选择性（摩尔分数）一般为 75%~80% 左右。

② 催化反应动力学。一般认为邻二甲苯氧化的动力学模型如图 5-1 所示：

反应 Ⅰ、Ⅱ、Ⅲ 均为一级反应。其中，反应 Ⅰ 在 370~440℃ 时的活化能为 109kJ/mol，在 440~550℃ 时的活化能为 54.5kJ/

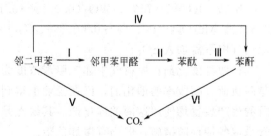

图 5-1 邻二甲苯氧化的动力学模型

mol；在 $370\sim440℃$ 时反应速率与 O_2 的分压无关，而在更高的温度和邻二甲苯浓度下，则为与 O_2 的浓度成正比的一级反应。

同一催化剂在低转化率下对 C_8 产物的选择性为常数，不同催化剂的选择性在 $0.75\sim0.82$ 之间。

反应 Ⅵ 忽略不计。

③ 催化反应机理。总体上可接受的反应机理是一种"Redox"机理，即在催化剂的作用下反应物 R 间接地与氧反应而变成产物。该机理包括两步反应。

还原态的催化剂（Cat）与气相中的氧反应，还原态的催化剂被氧化。

$$2Cat+O_2 \longrightarrow 2Cat\text{-}O$$

氧化态的催化剂（Cat-O）与反应物 R 反应生成产物 R-O，氧化态的催化剂被还原。

$$Cat\text{-}O+R \longrightarrow R\text{-}O+Cat$$

在稳定状态下，这两步反应的速率是一样的。

（2）催化剂的生产

① 活性组分和载体的选择。活性组分主要是 V_2O_5（即主催化剂），载体主要是 TiO_2（锐钛矿型），即为 V_2O_5/TiO_2 系列催化剂。

助催化剂最常用的为碱金属元素，如 K、Na、Rb(铷)、Cs(铯) 等的氧化物或盐类，它们可以改变催化剂的酸碱性，提高选择性。其他的还有 Nb(铌)、Sb(锑)、P、Mo(钼)、W 等一系列的氧化物或盐类，含量约为 1% 左右，在很多专利文献中都提到过。

其中，V_2O_5/TiO_2 系统中的两组分比例是决定催化活性的关键所在，研究显示钒以高分散、无定形的形式存在时有高的活性和选择性。

最初的邻二甲苯氧化催化剂主要有两类：一类是美国型熔融 V_2O_5 涂于惰性非孔型载体（如 SiC 球）上；另一类是德国型 V_2O_5 与碱金属的硫酸盐（如 K_2SO_4）作助催化剂一起载在粉状的 SiC 或 TiO_2 上再压片。二者的共同点是低负荷（标准状态下 $30\sim35g/m^3$）、低收率 $[90\%\sim95\%$（苯酐质量/邻二甲苯质量）]。

后来，研究发现：相对于其他载体而言，从催化活性和选择性来看，以 TiO_2 为载体得到的催化效果相对较好。而且，在很多专利文献中都提到将少量的 K、Na、Rb(铷)、Cs(铯)、Nb(铌)、Sb(锑)、P、Mo(钼) 等一系列氧化物或盐类加入到 V_2O_5/TiO_2 系列催化剂中可以提高产率，抑制副反应，同时增加 TiO_2 晶型的稳定性，保持良好的催化活性。例如，K 的存在可以提高选择性，而 Mo 的作用是增加 TiO_2 晶型的稳定性。

随着邻二甲苯氧化工艺的改进，现在又开发了一种薄层催化剂，就是把活性组分的悬浮液喷涂在非孔型惰性载体上，它又包括两种类型。

a. $V_2O_5(6\%)$、$K_2O(2\%)$、$SO_3(2\%)$、$Sb_2O_3(6\%)$，载体为 TiO_2。（K_2SO_4 是助催化剂，原料气中需加入 SO_2）

b. $V_2O_5(5\%\sim7\%)$、$WO_3(0.06\%\sim0.1\%)$、$P_2O_5(0.2\%\sim0.6\%)$、$Al_2O_3(0.1\%\sim0.3\%)$、$Me_2O_3(0.0001\%\sim0.005\%)$、$TiO_2(92\%\sim96\%)$。（活性组分涂在载体 SiC 上，原料气中不需加入 SO_2）

这两类催化剂在原料气中邻二甲苯浓度为 $40\sim60g/m^3$，收率为 $108\%\sim118\%$，它们均是高负荷、高收率的催化剂，已在工业上得到广泛应用，70% 以上的邻二甲苯气相氧化制苯酐的生产装置均使用这两类催化剂。其缺点是原料气浓度正处在爆炸极限之内，在生产上尽管采取各种预防措施，但仍有爆炸危险。

为了能消除爆炸危险，并提高生产效率，只能采取进一步提高原料气中邻二甲苯浓度的办法，同时把氧的浓度降低。日本触媒化学工业株式会社开发了 VGR(尾气循环) 工艺，即把含有未反应的邻二甲苯、N_2、CO、CO_2、H_2O 等尾气混入原料气（新鲜空气和邻二甲苯）中，再进入反应器，结果使氧的浓度降低到 10%，从而避开了爆炸区，且可以使邻二甲苯浓度提高。

② 催化剂的结构组成及物化性能。各种研究和专利表明：

a. 催化活性中心位于 V_2O_5 表面；

b. 当 V_2O_5 的含量低于 2%时，它以单层形式覆盖于锐钛矿型 TiO_2 载体的表面；

c. 单层 V_2O_5 对邻二甲苯氧化制苯酐的选择性最高；

d. 最合适的载体是比表面积在 $10m^2/g$ 左右、具有特定孔分布的锐钛矿型 TiO_2。

③ 催化剂的生产。目前普遍使用的邻二甲苯氧化制苯酐的薄层型催化剂的制备方法为：先制得 V_2O_5/TiO_2 系催化剂悬浮液，再将其涂在非孔型惰性载体上形成催化剂层。

其优点是：非孔型惰性载体 SiC 能吸收热量，改善催化剂的温度条件。

例如，催化剂 V_2O_5-TiO_2-P_2O_5-Nb_2O_5-Cs_2SO_4-Sb_2O_5-SiC 的制备过程如下：

将 200g 草酸溶于 6400mL 的去离子水中，加入 47.24g 偏钒酸铵、5.95g 磷酸二氢铵、18.67g 氢化铌、8.25g 硫酸铯和 4.91g 五氧化二锑，搅拌均匀后，再加入预先制备好的 1800g 锐钛矿型的 TiO_2，用乳化器搅拌成淤浆。

将装有表观孔积为 35%的球形 SiC 的旋转炉加热到 $200\sim250$℃，再将上述淤浆以每 100mL 对 8g 载体的比例加入，然后在 580℃通空气煅烧 6h，即得成品催化剂。

(3) 催化剂的工业应用及质量指标　如 BASF 公司生产的牌号为 04-28 和 04-30 催化剂，进料浓度为 $60g/m^3$，产品收率（质量分数）的期待值为 109%（保证值为 105%），寿命的期待值为 4 年（保证值为 3 年），每千克催化剂需添加 SO_2 为 $3.7\sim3.9g$；熔盐温度：开始为 $360\sim365$℃、后期为 $390\sim395$℃，反应热点温度开始为 $470\sim480$℃、后期为 430℃。国内的齐鲁石化和金陵石化最初均采用该催化剂。

(4) 催化剂的使用技术与操作指南

① 催化剂的装填。根据一般固定床催化剂的装填方法，可先在管子底部加入弹簧，后加入瓷环等惰性物质，然后再加入催化剂，最后加入瓷环。催化剂装填过程中应注意防止架桥等催化剂在管内分布不均的情况发生；防止催化剂破损；装填后应测压力降，在一定范围内方为合格。

② 催化剂使用的开工方法。催化剂装填完后，需经高温煅烧和预处理两个阶段。

a. 催化剂的高温煅烧阶段。新催化剂出厂时其颗粒外表面包裹一层有机物质，此时的催化剂基本属于钝态，不具备足够的活性表面，在初次投料前，须将装入反应器的新催化剂用热空气以 $5\sim8$℃/h 的速度加热到 400℃左右，在此温度下恒温一定时间，同时要连续地向反应器中通入一定量的空气。催化剂经高温煅烧后被激活。经过煅烧，使催化剂中残留的有机物被烧掉，从而形成涂层中的微孔，大大增加了活性表面。同时大部分钒盐分解为 V_2O_5 而形成活性单分子层覆盖在 TiO_2 载体上，此时催化剂的选择性最好。

b. 催化剂的预处理阶段。在一定时间内（通常为 $10\sim60$d），负荷逐渐由低到高直至最大，但无论何种型号的催化剂，其初次投料负荷不应超过 $40g/m^3$（通常值为 $30g/m^3$）。因为邻二甲苯与空气混合物的爆炸下限为 $44g/m^3$，如果催化剂因某种原因失活而使反应无法进行，$40g/m^3$ 以上的负荷就会有爆炸的危险。再加上此时催化剂极为敏感活跃，负荷过高会产生"飞温"现象。在逐渐提高负荷的同时，盐浴温度逐渐降低到正常值。

③ 催化剂的失活与再生。为保持催化剂的活性和选择性，最初的方法是在反应物料中

加入一定量的硫化合物（如 SO_2）。其缺点是硫化合物若未经处理排入大气会造成环境污染，而处理费用通常很昂贵。因此，BASF 公司开发了一种新的催化剂再生法，具体描述如下：

催化剂在 60g 工艺下运行 460d 后，苯酐的收率从 112％降为 104％，此时停止进邻二甲苯，将 SO_2 与空气以 1：5 的比例通过催化剂层，熔盐温度为 394℃，保持 32h。然后再进邻二甲苯，两天后重复一次 32h 的 SO_2 处理过程。此时的熔盐温度可降为 378℃，苯酐收率达 110％，苯酞含量少于 0.03％。9 个月后苯酐的收率仍为 110％，苯酞含量少于 0.03％。

④ 催化剂的安全使用与保护。催化剂使用大致分诱导期、稳定期和失活期三个阶段。在诱导期内，应严格实施对催化剂的高温活化、低负荷诱导的操作，使催化剂的性能得以发挥，活性趋于稳定。在稳定期内，应注意原料、工艺、操作条件对催化剂性能的影响，尽量减少非正常开停车次数，以使装置在满负荷下安全、高效地运行。

催化剂在装填前有一段储藏期。储藏催化剂的地点应保持干燥，不应受其他化学物质的干扰。

在催化剂装填时，因钒为有毒物质，故装填催化剂的人员必须戴口罩，以防职业伤害。

第二节　加氢催化剂

一、概述

（1）催化加氢反应　催化加氢反应是有机反应中最基本且看来又是最简单的反应，也是催化科学中研究最深入、最广泛的反应。

催化加氢按照反应类型大概可分为两类。

① 不饱和化合物的催化加氢。其中，一种情况是不饱和键的 π 键或共轭 π 键打开，加氢达到饱和或部分饱和，包括以下四种类型。

a. 烯烃加氢、炔烃的饱和及半氢化，如异辛烯加氢制异辛烷，环戊二烯加氢制聚合级环戊烯。

$$\text{C=C} + H_2 \xrightarrow{\text{雷氏镍}} \text{CH—CH} \tag{5-3a}$$

$$\text{—C≡C—} + 2H_2 \xrightarrow{\text{Pd}} \text{—C—C—} \tag{5-3b}$$

$$\text{—C≡C—} + H_2 \xrightarrow[\text{林德乐(Lindlar)催化剂}]{Pd/CaCO_3\text{-}PbAc_2} \text{—HC=CH—} \tag{5-3c}$$

b. 芳烃氢化，如苯加氢制环己烷。

$$\text{苯} + 3H_2 \xrightarrow{Ni/Al_2O_3} \text{环己烷} \tag{5-4}$$

c. 腈加氢还原为相应的胺，如苯乙腈加氢为 α-苯乙胺，己二腈加氢制己二胺。

$$\text{R—C≡N} + 2H_2 \xrightarrow{\text{雷氏钴}} \text{R—CH}_2\text{NH}_2 \tag{5-5}$$

d. 油脂加氢制硬化油、葡萄糖加氢制山梨醇、CO 加氢制甲醛及羰基合成等。

还有一种情况是不饱和键完全断裂，加氢成饱和物，如氮加氢制氨、硝基苯加氢制苯胺、邻硝基甲苯制邻甲苯胺、邻硝基苯胺制邻二苯胺；此外，尚有脂肪酸加氢制取高级醇，顺丁烯二酸酐制四氢呋喃等重要的化工反应。

$$\text{—NO}_2 + H_2 \xrightarrow{\text{Pd 或雷氏镍}} \text{—NH}_2 \tag{5-6}$$

② 饱和化合物的催化加氢 即氢化反应中在有些原子或基团脱掉的同时被氢原子所取代,有时也称为氢解反应。反应如下:

$$A—B+2H \longrightarrow A—H+H—B \tag{5-7}$$

其中,A、B可以是碳、氧、氮、硫或卤素。

该类反应的主要用途是:还原某些基团(如从硝基、亚硝基等制备胺)、去掉某些不需要的官能团或原子(如石油产品中的加氢脱硫)、去掉保护基团(如脱苄基、脱苄氧羰基等),以及使很大的分子氢解成较小的分子,如萘、蒽加氢分解制环己烷,煤焦油、原油加氢分解,煤的加氢液化等。但必须注意,氢解反应常常是某些化合物加氢过程的副反应,应尽量避免。

$$\text{(萘-C(=O)-Cl)} + H_2 \xrightarrow[\text{喹啉-硫黄}]{Pd/BaSO_4} \text{(萘-C(=O)-H)} + HCl \tag{5-8}$$

加氢通常是分子数减少的放热反应,温度低于100℃时绝大多数加氢反应的平衡常数都很大,可看成是不可逆反应。

从化学平衡角度来看,加氢反应都能进行,关键是选用合适的催化剂。

(2)加氢催化剂的分类及特点 从元素周期表来看,第Ⅷ过渡金属元素是很重要的加氢催化剂,其他元素也有应用,分别分布在第四、第五、第六三个周期中。

按催化剂形态分,常用的加氢催化剂可分为金属催化剂、骨架催化剂、金属氧化物催化剂、金属硫化物催化剂、金属配位催化剂等。

① 金属催化剂。常见的金属加氢催化剂是 Ni、Pd、Pt 等,使用最多的是 Ni,金属催化剂的特点是活性高,需要的反应温度低,几乎可使所有的官能团加氢。其缺点是易中毒,对原料中所含的杂质要求严格。例如 S、N、As、P、Cl 等元素的化合物都是毒物;含有不饱和键的化合物(如炔烃、CO 等)与金属催化剂的 d 轨道结合成键也能造成中毒现象。

② 骨架催化剂。常见的有骨架镍,其他还有骨架铁、骨架钴和骨架铜等。亦称雷氏(Raney)催化剂。

③ 金属氧化物催化剂。主要有 MoO_3、Cr_2O_3、ZnO、CuO 和 NiO 等,可以单独使用,也可以混合使用,例如 $CuO-CuCrO_4$(Adkins 催化剂即铜铬催化剂)、$CuO-ZnO-Cr_2O_3$、Co-Mo-O 和 Ni-Co-Cr-O 等,这类催化剂抗毒性较强,适用于 CO 加氢反应,但活性较差,需要采用高温、高压,故催化剂中常常要加入高熔点组分(如 Cr_2O_3、MoO_3 等)以提高耐高温性能。

④ 金属硫化物催化剂。主要有 MoS_2、WS_2、Ni_2S_3、Co-Mo-S、Fe-Mo-S 等,这类催化剂有一定的抗毒性,主要用于加氢精制,也用于含硫化合物的氢解,但活性也较低,故需要在较高的温度下反应。

⑤ 金属配位催化剂。多数以 Ru、Rh、Pd 等贵金属为中心金属,Fe、Co、Ni 也用得较多。这类催化剂的特点是具有高活性、高选择性,反应条件温和,但因为是均相液相反应,其缺点是产物与催化剂的分离比较困难,给工业应用带来不变。

有时亦将加氢催化剂分为贵金属系和一般金属系。其中,贵金属系加氢催化剂以 Pt、Pd 为主,Ru、Rh、Ir、Re 等也正被受到重视,贵金属及其化合物的活性和选择性均较好,但由于贵金属价格昂贵,因而常采用负载的形式,其载体为活性炭、氧化硅、氧化铝,负载量一般为 0.1%~5%。一般金属系加氢催化剂为 Ni、Co、Fe、Cu 等,以 Ni、Co 用得最普遍。

（3）加氢催化剂的应用 各类加氢催化剂在实际应用中，应根据加氢反应的类型和具体要求，选择适宜的催化剂，并选择合适的反应条件。

金属催化剂往往活性较大，其反应条件通常比较温和，为最常用的加氢催化剂。

金属硫化物和金属氧化物催化剂中的金属往往带有一些离子性质（M^{x+}），金属离子与碳及氢的吸附键强度远低于金属原子，所以它们使氢分子及反应物活化的能力较差，因而其加氢活性比金属催化剂温和得多。温和的催化活性有时亦很有益，可使加氢易于控制在一定的程度。虽然吸附键不是很强，但可以通过强化反应条件，不致引起反应物或产物的破坏。例如，在金属催化剂中，W、Mo、Cr 等金属很少单独用作加氢催化剂，主要原因是由于其吸附键过强，不太合适。而将这些金属与 S^{2-}、O^{2-} 等配位，形成相应的硫化物或氧化物催化剂，它们离子的吸附键程度正好被调整到较合适的程度，适合于催化加氢，并且具有一定的耐毒性。

金属配位催化剂常为均相催化剂，如 $RhCl(PPh_3)_3$ 和 $IrCl(PPh_3)_2$。使用均相催化剂进行加氢称为均相催化加氢。与多相催化加氢相比，其相对活性较低，但选择性较高，反应条件温和，经过改进可用于不对称加氢，是一类新型的催化剂。其缺点是催化剂回收困难，热稳定性较差，处理不当会对环境造成污染，尤其是易被氧化而失去活性。

均相催化剂的固相化是 20 世纪 70 年代以来发展起来的一类新型催化剂，它是把过渡金属配合物作为活性组分置于载体上形成的，在形式上与多相催化剂相同，但实际上仍属于均相催化剂范畴。均相催化剂的固相化可有效改进均相催化剂的性能，使其兼顾固相催化剂和均相催化剂的优点而克服其缺点。

二、加氢催化剂制备实例

（1）骨架镍催化剂的制备 骨架镍催化剂广泛应用于加氢反应，包括烯烃加氢、苯加氢、腈加氢、硝基加氢、羰基加氢等反应。

骨架镍催化剂的制备采用的是热熔融法，其工艺过程（详见第三章的第四节）包括 Ni-Al 合金的炼制和 Ni-Al 合金的沥滤两个部分。

沥滤过程中涉及到的反应如下：

$$2Ni\text{-}Al + 2NaOH + 2H_2O \longrightarrow 2Ni + 2NaAlO_2 + 3H_2 \uparrow \tag{5-9}$$

沥滤过程中，控制 NaOH 溶液的浓度、加料顺序、加料时间、沥滤温度、沥滤时间，可制得不同加氢活性的不同型号的骨架镍催化剂。

（2）5% Pd/C 催化剂的制备 钯系催化剂作用比较温和，具有一定的选择性，适用于多种化合物的选择氢化，是最好的脱卤、脱苄催化剂。

钯系催化剂常用的类型包括：5% Pd/C、10% Pd/C、5% Pd/BaSO$_4$、Pd/CaCO$_3$-PbAc$_2$。最常用的制备钯系催化剂的方法是以甲醛或氢气还原浸渍于载体（如活性炭）上的氯化钯。

5%Pd/C 催化剂的制备过程如下：将硝酸洗过的 93g 活性炭和 1.2L 水按比例配成悬浮液，加热到 80℃，再将 8.2g 氧化钯、20mL 浓盐酸和 50mL 水按比例配成的溶液加入到悬浮液中，另外再加 37% 甲醛溶液和 8mL 的 30%NaOH 溶液，搅拌后，过滤、水洗，在室温下晾干，然后放在干燥皿内的 KOH 上干燥，干燥后的催化剂密闭放置于瓶中。发生的反应如下：

$$PdO + 2HCl \xrightarrow{\text{C}} PdCl_2/C + H_2O \tag{5-10a}$$

$$PdCl_2/C + HCHO + 3NaOH \longrightarrow Pd/C + HCOONa + 2NaCl + 2H_2O \tag{5-10b}$$

第三节　脱氢催化剂

一、概述

（1）催化脱氢反应　催化脱氢反应的主要类型有烷烃脱氢、烯烃脱氢、烷基芳烃脱氢和醇类脱氢四种类型。其中，前三种类型为烃类脱氢，在化学工业的生产中非常普遍。烃类脱氢反应包括 C—H 键的断裂和 C≕C 键的生成。C—H 键断裂的部位不同，则生成的产物亦不同，当 C—H 键的断裂发生在相邻的两个碳原子上时，则生成双键或三键；当 C—H 键的断裂发生在不相邻的两个碳原子上时，则生成环烷烃（若有可能形成六元环时，将一直脱氢生成芳烃）；当 C—H 键的断裂发生在两个烃分子之间时，则缩合成高分子量的烃，而这类脱氢反应若继续下去，就会产生大量的氢气和贫氢的固体碳化物，致使催化剂烧结而失活，所以在高温脱氢中应注意避免。

① 烷烃脱氢。烷烃脱氢是基本有机合成工业的重要过程。例如，以天然气或石油裂化气为基础，由丙烷脱氢为丙烯、丁烷脱氢为丁烯、异丁烷脱氢为异丁烯、异戊烷脱氢为异戊二烯的生产规模都很大，因为这些烯烃是合成橡胶、塑料和其他化工产品的重要原料。

$$CH_3—CH_2—CH_3 \xrightarrow[-H_2]{Cr_2O_3/Al_2O_3} CH_3—CH\!=\!\!CH_2 \tag{5-11a}$$

$$CH_3—CH_2—CH_2—CH_3 \xrightarrow[-H_2]{Cr_2O_3/Al_2O_3} CH_3—CH_2—CH\!=\!\!CH_2 \ + \ CH_3—CH\!=\!\!CH—CH_3 \tag{5-11b}$$

$$\underset{\substack{|\\CH_3}}{CH_3—CH—CH_3} \xrightarrow[-H_2]{Cr_2O_3/Al_2O_3} \underset{\substack{|\\CH_3}}{CH_3—C\!=\!\!CH_2} \tag{5-11c}$$

$$\underset{\substack{|\\CH_3}}{CH_3—CH_2—CH—CH_3} \xrightarrow[-2H_2]{Cr_2O_3/Al_2O_3} \underset{\substack{|\\CH_3}}{CH_2\!=\!\!CH—C\!=\!\!CH_2} \tag{5-11d}$$

烷烃脱氢生产烯烃的催化剂几乎全都为 Cr_2O_3/Al_2O_3 催化剂。

另外，以高纯度直链正构烷烃为原料，经催化脱氢制相应的单烯烃是合成洗涤剂生产中脱氢法生产直链烷基苯的核心工艺过程。

② 烯烃脱氢。烯烃脱氢最典型的例子就是丁烯脱氢为丁二烯。通常，烷烃脱氢制烯烃与烯烃脱氢制二烯烃可使用大体相同的催化剂。如同样的 Cr_2O_3/Al_2O_3 催化剂，既可用于丁烷脱氢制丁烯，亦可用于丁烯脱氢制丁二烯。

$$CH_3—CH_2—CH\!=\!\!CH_2 \ （或 \ CH_3—CH\!=\!\!CH—CH_3 \ ）$$
$$\xrightarrow[-H_2]{Cr_2O_3/Al_2O_3} CH_2\!=\!\!CH—CH\!=\!\!CH_2 \tag{5-12}$$

③ 烷基芳烃脱氢。烷基芳烃脱氢最典型的例子就是乙苯脱氢为苯乙烯。乙苯脱氢和丁烯脱氢可以使用大体相同的 Cr_2O_3/Al_2O_3 催化剂，当然还有其他多种以金属氧化物为主体的催化剂。

$$\text{⟨苯环⟩}—CH_2CH_3 \xrightarrow[-2H_2]{Cr_2O_3/Al_2O_3} \text{⟨苯环⟩}—CH\!=\!\!CH_2 \tag{5-13}$$

④ 醇类脱氢。醇类脱氢中典型的例子是乙醇脱氢制乙醛和异丙醇脱氢制丙酮。乙醇脱氢制乙醛，可采用添加 Co、Cr 的铜催化剂，以石棉作载体。

$$CH_3CH_2OH \xrightarrow[-H_2]{Cu\text{-}Co \ 或 \ Cr\text{-}Co} CH_3CHO \tag{5-14}$$

异丙醇脱氢制丙酮，可采用 ZnO 或 CuO 作催化剂。

$$CH_3-CH-CH_3 \xrightarrow[-H_2]{ZnO\ 或\ CuO} CH_3-C-CH_3 \qquad (5-15)$$
$$\underset{OH}{|} \qquad\qquad\qquad \underset{O}{\|}$$

醇类脱氢曾是制取羰基化合物的重要途径，但现已逐渐被羰基合成路线取代。

（2）脱氢催化剂的分类 由于脱氢是加氢的逆反应，原则上讲，催化剂加氢反应的活性中心也是脱氢反应的活性中心，即加氢催化剂亦可选作脱氢催化剂。如 Cr_2O_3、V_2O_5、Mn_2O_5、$CoMoO_4$ 既可作加氢催化剂，有时亦作为脱氢催化剂。但由于热力学对正、逆反应的温度与压力的要求相同，不同反应条件下催化剂活性中心数目和强度及反应机理亦发生变化，因此，要求所选的催化剂能增加 C—H 键的断裂速率，以便高选择性的进行脱氢反应。

通常，按照反应机理将脱氢反应分为离子机理和游离基机理，而与此相应的催化剂亦可大致分为两大类。

① 离子机理脱氢催化剂。最典型的离子机理脱氢催化剂是非过渡金属氧化物，其主要分布在周期表的左右两端，如左边的 MgO、CaO、Al_2O_3、ZrO_2、HfO_2、Nb_2O_3、Ta_2O_5 等，右边的 CdO、Ga_2O_3、SnO_2、Sb_2O_3、Sb_2O_5、Bi_2O_3 等。

离子机理脱氢需包括脱 H^- 和脱 H^+ 两步，故需要催化剂具有极化能力较大的正离子和带有较多负电荷的 O^{2-}。

元素周期表右侧的金属原子具有较大的极化能力，但脱除后，它易变为低价态，由于其恢复高价态的能力较差，从而减弱或丧失了继续脱 H^- 的能力，Bi_2O_3 就是典型的例子。

元素周期表左侧的金属离子，极化能力较差，故脱 H^- 的能力较弱，但它们的氧化物所含的氧离子却有较多的负电荷，可协助 C—H 键的异裂。脱下的 H^- 不易使它们的金属离子变为低价态，即使变为低价态也极易恢复高价。

② 游离基机理脱氢催化剂。这类脱氢催化剂大多数是过渡金属氧化物，并且都是半导体，它们的金属离子大多含有未配对的 d 电子或 s 电子，如 Cr_2O_3、V_2O_5、V_2O_4、Co_3O_4、Mo_2O_5、MoO_2、Fe_2O_3、MnO_2、ZnO 等。

一般说来，脱氢反应的控制步骤是脱去第一个氢的反应。不论离子机理脱氢还是游离基机理脱氢，反应分子仲碳上的氢比伯碳上的氢较易脱去。不含仲碳的乙烷最难脱氢。随着相对分子质量的增大，饱和烃的脱氢趋势一般增大，但副反应有时也将增加。

若脱 H^- 以后，反应分子易成共轭体系，则增加了脱氢活性。例如丁烯脱氢成丁二烯和乙苯脱氢成苯乙烯都比饱和烃脱氢容易，而乙苯脱氢成苯乙烯又比丁烯脱氢成丁二烯容易。

二、异丁烷催化脱氢制异丁烯

由于人类对赖以生存的环境给予了更大的关注，引发了汽油的无铅化。甲基叔丁基醚（MTBE）主要作为汽油辛烷值的改进剂而引人瞩目，需求量越来越大，从而促进了异丁烯需求的增长，异丁烷催化脱氢制异丁烯则成为解决异丁烯短缺的重要途径。1993 年全球 MTBE 生产能力为 3239kt/a。在 1992～1995 年全球计划新建的 MTBE 生产能力为 16600kt/a，其中 70% 以上采用油田丁烷作原料。

目前工业上异丁烷脱氢制异丁烯的主要生产工艺有 UOP 的 Oleflex 工艺、Phillips 的 STAR 工艺、ABB Lummus Crest 的 Catofin 工艺、Snamprogetti-Yarsintez 的 FBD-4 工艺，以及 Linde 工艺。我国异丁烷资源比较丰富，中科院兰州化学物理研究所一直在从事这方面的研究开发工作，采用氧化物体系为主（$K_2O-CuO-Cr_2O_3/\gamma-Al_2O_3$）的催化剂，在 580℃、400h 时，异丁烷转化率为 65.1%，异丁烯选择性为 93.2%。

（1）催化反应及反应机理 反应是强吸热反应。高温有利于平衡向目的产物转移，但在高温时，裂解反应比脱氢反应更有利，因而必须采用高效催化剂使热力学方面处于不利地位的脱氢反应能在动力学方面占绝对优势。

异丁烷脱氢生成异丁烯，还可以发生一系列的副反应，形成相应的反应网络。反应过程既有脱氢反应，又有裂解、异构化、芳构化、烷基、聚合、结焦等各种副反应，产品众多，除异丁烯外，还包括烷烃、丁烯类、重芳烃以及焦炭等。

主反应：

$$CH_3-\underset{\underset{CH_3}{|}}{CH}-CH_3 \xrightarrow{-H_2} CH_3-\underset{\underset{CH_3}{|}}{C}H=CH_2 \qquad (5-16)$$

副反应：

$$CH_3-\underset{\underset{CH_3}{|}}{CH}-CH_3 \xrightarrow{-2H_2} 2CH_2=CH_2 \qquad (5-17a)$$

$$CH_3-\underset{\underset{CH_3}{|}}{CH}-CH_3 \xrightarrow{-CH_4} CH_3-CH=CH_2 \qquad (5-17b)$$

在 UOP 的 Oleflex 工艺中，以 $Pt-Sn/Al_2O_3$ 系催化剂催化异丁烷脱氢制异丁烯的反应机理可表示如下：

$$i\text{-}C_4H_{10}+2Pt \longrightarrow Pt\text{-}i\text{-}C_4H_9+Pt\text{-}H \quad 控制步骤 \qquad (5-18a)$$

$$Pt\text{-}i\text{-}C_4H_9+Pt \longrightarrow Pt\text{-}i\text{-}C_4H_8+Pt\text{-}H \qquad (5-18b)$$

$$Pt\text{-}i\text{-}C_4H_8 \longrightarrow i\text{-}C_4H_8+Pt \qquad (5-18c)$$

$$2Pt\text{-}H \longrightarrow H_2+2Pt \qquad (5-18d)$$

（2）催化剂的生产 异丁烷脱氢制异丁烯，生产工艺不同，采用的催化剂也各不相同，但主要有贵金属催化剂和氧化物催化剂两大类，如 Oleflex 工艺采用的是 $Pt-Sn/Al_2O_3$ 系催化剂，Catofin 工艺、FBD-4 工艺与 Linde 工艺等主要采用的是 Cr_2O_3/Al_2O_3 系催化剂。助催化剂主要有 K_2O、K_2CO_3 和 MgO 等，其目的是降低结焦和增加催化剂稳定性和活性。

UOP 的 Oleflex 工艺中，$Pt-Sn/Al_2O_3$ 系催化剂的制备方法如下。

先用油中滴入法制备负载 Sn 的 Al_2O_3 载体，即将金属铝与盐酸反应形成铝溶胶，加入锡组分和合适的胶凝剂，混合均匀后，滴入 100℃ 油浴中，直至液滴在油浴中形成凝胶球，再从油浴中分离出来。经油和氨溶液（氨水、氯化铵组分）中特殊老化处理，以改善其物理性能。然后再用稀氨水溶液洗涤、干燥、焙烧（450～700℃，1～20h）。

再用浸渍法（Al_2O_3 载体浸渍于含盐酸的氯铂酸溶液中）将金属 Pt 也负载在 Al_2O_3 载体上。盐酸的作用是改善金属铂在载体的分散度。

催化剂中还加入一定量的碱金属钾或锂，以提高催化剂的抗积炭性能，改善其稳定性。

其中，主催化剂 Pt 的量为 0.01%～2%，助催化剂 Sn 的含量为 0.1%～1%，碱金属含量为 0.2%～2.5%。

第四节　芳烃转化催化剂

一、甲苯歧化与烷基转移制二甲苯和苯

在重整汽油和加氢裂解汽油中，都含有大量的苯、甲苯、二甲苯和 C_9 的芳烃。由于原料石油馏分的组成和加工方法的不同，所得汽油中甲苯和 C_9 芳烃的含量也不尽相同，一般占有芳烃总量的 40%～50%。第二次世界大战以后，随着合成纤维工业尤其是聚酯工业的

发展，苯和二甲苯的需求量迅速增长，致使苯和二甲苯出现了供不应求的状况。

通过甲苯歧化和 C_9 芳烃烷基转移增产苯和二甲苯是调节芳烃产需平衡，满足石油化工对苯和二甲苯需求的有效手段。

(1) 催化反应　甲苯歧化反应：

$$(5-19)$$

烷基转移反应：

$$(5-20)$$

(2) 催化剂

① 强酸型催化剂。主要有 $AlBr_3$-HBr、$AlCl_3$-HCl、BF_3-HF 等。反应约在 100℃ 下进行，转化率低，副反应多，设备腐蚀严重，未工业化。

② 无定形固体酸催化剂。主要有 SiO_2-Al_2O_3、B_2O_3-Al_2O_3 以及氟化物改性的 SiO_2-Al_2O_3、Al_2O_3 等。气固相反应，活性较高，但选择性差、寿命短，无法工业化。

③ 沸石分子筛固体酸催化剂。主要有 Y-沸石、丝光沸石、ZSM-5 和 B-沸石等。气固相反应，已实现工业化。

(3) 催化反应机理　酸性催化剂能够提供 H^+，促使正碳离子的形成，促进反应的进行。正碳离子的形成：

$$(5-21)$$

正碳离子的进一步反应：

$$(5-22)$$

二、二甲苯临氢异构化

工业二甲苯有三种异构体，即邻二甲苯、对二甲苯和间二甲苯，此外还含有少量的乙苯。在这些异构体中，邻二甲苯、对二甲苯需求量较大（尤其是对二甲苯），差不多占工业上所需二甲苯异构体总量的 95% 以上，但它们在二甲苯中的含量却不到 50%。因此，二甲苯的分离要同异构化配套，以便相互转化，获得所需要的各类二甲苯。

工业上采用的二甲苯异构化工艺技术有临氢异构化和不临氢异构化两种类型。其中，临氢异构化采用氢气来保护异构化催化剂的活性，因此副反应少，对二甲苯转化率高，催化剂使用周期长，但需用氢气和氢压缩机，动力消耗相应较高；不临氢异构化的催化剂一般采用 SiO_2-Al_2O_3 等，价格便宜，反应压力低，设备简单，操作安全，但乙苯不参与反应，需事先加以分离，催化剂再生频繁。下面主要介绍临氢异构化催化反应。

(1) 催化反应　在催化剂的作用下，C_8 芳烃的异构化反应有：

$$(5-23a)$$

$$(5\text{-}23\text{b})$$

$$(5\text{-}23\text{c})$$

（2）催化剂

① 贵金属催化剂。主要为 Pt 系催化剂，如 Pt-Re、Pt-Ga、Pt-Ir-Ga 等，采用酸性载体硅酸铝、氧化铝、分子筛等。这类催化剂都是双功能催化剂，在高压氢气下反应，同时能将乙苯异构化为二甲苯；副反应少，再生周期长。贵金属虽然昂贵，然而因乙苯也参与异构化，不仅 C_8 芳烃总收率高，并可最大限度生成对二甲苯，而且省去了乙苯的分离费用，所以是目前采用最多的技术路线。

② 非贵金属催化剂。包括临氢的结晶沸石催化剂和不临氢的无定形硅-铝催化剂。这类催化剂都不能将乙苯异构化为二甲苯。

（3）催化反应机理 贵金属型双功能催化剂既能提供酸式功能，又能有加氢脱氢功能，故此法除二甲苯异构体相互转化外，且能将乙苯转化为二甲苯。

$$(5\text{-}24)$$

乙苯经加氢生成乙基环己烷，再异构化为二甲基环己烷，脱氢即得二甲苯。

在芳烃转化生产中还有苯和乙烯合成乙苯、苯和丙烯合成异丙苯等生产实例，可参阅有关书籍。

第五节　石油炼制催化剂

一、概述

原油（或称石油）是由成千上万种有机化合物组成的复杂混合物。构成原油中化合物的主要元素为碳和氢，此外还或多或少含有硫、氮、氧等杂原子。在大多数原油中还含有痕量金属如镍、钒和砷，在个别原油中甚至还含有钙，这些元素以金属有机化合物形式存在。原油中的有机化合物多种多样，极为复杂，但从大的方面可将其划分为烷烃、环烷烃和芳烃三大类，其相对分子质量分布从数十到数千（如沥青分子）不等。

石油炼制工业自始至终就是一种由需求来推动的工业。采用常压蒸馏将原料油中的轻组分分离出来的方法开始于 1860 年，但采用这种方法从原油中得到的轻质馏分非常有限。随着市场对石油需求量的增加，便出现了热裂化的方法，采用这种方法将重质馏分转化为轻质燃料。20 世纪 30 年代，开始采用催化裂化技术以满足随着汽车工业大发展对汽油的巨大需求。随着汽车技术的发展，对汽油辛烷值也提出了新的要求，因此催化重整技术应运而生，20 世纪 50 年代开始采用铂重整技术。原油中含硫、含氮化合物的存在，使石油及石油产品存在异味，并导致其安全性下降；而且在石油使用（燃烧）过程中，释放出大量 SO_x 和 NO_x 物质，从而污染大气。加氢处理技术（即加氢精制技术）正是为了减少上述影响而在 20 世纪 40 年代被逐渐采用并推广的。随着世界范围内重质原油产量的日渐增加，原有油田的原油也有日渐重质化的趋势，与此同时，原油中的硫、氮及金属等杂质含量也呈上升趋势。为了生产更多的轻质油品，重油加工技术例如渣油催化裂化、渣油加氢裂化（加氢催化裂化）等技术也逐渐被采用和推广。自 20 世纪 90 年代以来，国际上环境保护呼声日益高涨，许多国家颁布了新的环保法规，提出生产清洁燃料，生产"环境友好产品"，从而对汽油与柴油中硫、氮及芳香烃含量，柴油中的十六烷值等分别提出了更加严格的要求，因此，加氢处理、加氢裂化过程显示出越来越大的重要性，故得到了更快的发展。

具体而言，石油炼制技术主要包括催化裂化技术、催化重整技术、加氢精制技术和加氢裂化技术。

催化裂化（即流化催化裂化，fluid catalytic cracking，简称 FCC）是指在催化剂的作用下，将原油中的重质馏分裂化成轻质油产品的技术，主要是将沸点高于汽油、柴油沸程的烃类化合物转化为汽油、柴油。在很多原油中，沸点高的烃类化合物很多，通过直接蒸馏可获得的汽油、柴油较少，因此，催化裂化是炼油工业中重要的技术。1999 年，我国生产的汽油 80% 以上来自 FCC，而美国销售的汽油中来自 FCC 的占 1/3，还有 1/3 的汽油也是以 FCC 副产的 C_4 为原料（异丁烷、丁烯）生产的，也就是说美国生产的汽油有近 2/3 来自 FCC 或与 FCC 有关，从这里不难看出 FCC 在炼油工业中的重要作用。

重整是指烃类分子重新排列成新的分子结构。催化重整是指在催化剂的作用下，将原油中的 $C_6 \sim C_{11}$ 石脑油馏分转化成芳烃或高辛烷值汽油的技术。"铂重整"即使用的是铂催化剂；"铂铼重整"则使用的是铂铼催化剂。催化重整通过异构化、环化和脱氢等反应，使直馏汽油的分子，其中包括由裂解获得的较大分子烃，转化为芳烃和异构烃以改善燃料的质量。催化重整可以得到优质汽油，并且用于生产大量的芳烃，包括苯、甲苯、二甲苯等。

加氢精制是指在催化剂的作用下，加氢脱除石油原料或石油产品中的硫、氮、氧和金属元素的技术。加氢精制过程之所以重要，首先是油品通过精制以减少向空气中排放能导致酸雨产生的硫和氮氧化物。此外，多数用于油品加工的催化剂的抗硫、抗氮以及抗金属性能较差，因此，炼油厂中的许多油品都必须进行加氢处理。加氢精制催化剂通常含有ⅥB族的金属钼或钨和Ⅷ族的金属钴或镍，负载在 Al_2O_3（或 $SiO_2\text{-}Al_2O_3$）表面上，如硫化态的 $MoCo/Al_2O_3$ 和 $MoNi/Al_2O_3$。加氢精制催化剂的年销售额约占世界催化剂市场总份额的 10%，仅次于废气转化催化剂及 FCC 催化剂。

加氢裂化是氢气存在下的催化裂化，即在催化剂的作用下，非烃化合物进行加氢转化，烷烃、烯烃进行裂化、异构化和少量环化反应，多环化合物最终转换成单环化合物。加氢裂化技术是重油轻质化的重要手段之一，由于原料和产品灵活性大，产品质量好，尤其能提供优质石脑油、喷气燃料、柴油、蒸气裂解（制乙烯）原料和润滑油基础油，因而在炼油厂中的重要性日益增加。加氢裂化催化剂是由酸性的载体和加氢性能的金属组成的双功能催化剂。提供酸性的载体主要有 $SiO_2\text{-}Al_2O_3$、$SiO_2\text{-}MgO$ 等无定形载体和分子筛；而加氢性能的载体主要有Ⅷ族和ⅥB族金属，可以分别为贵金属（Pt、Pd）和非贵金属（Ni、Co、W、Mo）两类。

可见，石油炼制催化剂可划分为催化裂化催化剂、催化重整催化剂、加氢精制催化剂和加氢裂化催化剂四大类。下面主要介绍催化裂化催化剂。

二、催化裂化催化剂

（1）催化裂化反应 催化裂化所用的原料油由烷烃、烯烃和芳烃等组成，因此主反应包括：

烷烃裂化： $C_nH_{2n+2} \longrightarrow C_mH_{2m} + C_pH_{2p+2}$ (5-25)

烯烃裂化： $C_nH_{2n} \longrightarrow C_mH_{2m} + C_pH_{2p}$ (5-26)

芳烃裂化： $Ar\text{-}C_nH_{2n+1} \longrightarrow ArH + C_nH_{2n}$ (5-27)

其中，$n = m + p$。

在催化裂化过程中，还明显地发生异构化、氢转移、芳构化、烷基化、叠合和缩聚等副反应，后三类副反应会引起催化剂结焦，使催化剂过早地失活。

（2）催化裂化反应机理 裂化反应是 C—C 键的断裂反应，一般分为热裂化和催化裂化两大类。催化裂化与热裂化的机理不同，烃类的热裂化按游离基机理进行，即裂化时发生 C—C 键的均裂；而催化裂化按正碳离子反应机理进行，即裂化时发生 C—C 键的异裂。例如：

烷烃裂化：

$$RCH_2CH_2CH_2CH_2R' \longrightarrow RCH_2\overset{+}{C}HCH_2CH_2R' \longrightarrow RCH_2CH = CH_2 + \overset{+}{C}H_2R'$$

(5-28)

烯烃裂化：

$$RCH_2CH = CHCH_2CH_2R' + H^+ \longrightarrow RCH_2\overset{+}{C}H - CH_2CH_2CH_2R' \longrightarrow$$

$$RCH_2CH = CH_2 + \overset{+}{C}H_2CH_2R'\overset{+}{C}H_2CH_2R' \longrightarrow CH_2 = CHR' + H^+$$

(5-29)

芳烃裂化：

(5-30)

（3）催化裂化催化剂

① 无定形 $SiO_2\text{-}Al_2O_3$ 系催化剂。这类催化剂是由氧化硅（SiO_2）和氧化铝（Al_2O_3）结合而成的复杂的硅、铝氧化物，并含有少量的结构水。纯粹的 SiO_2 和 Al_2O_3 都没有明显的催化裂化活性，只有二者以一定的比例结合后才有活性，而且含有适量水分会使活性大大提高。多年来对这一类型催化剂的改进方法主要是：

首先，通过改变催化剂的铝含量来改进催化剂活性与稳定性。研究表明，高铝含量催化剂的活性和热稳定性比较好。

其次，通过提高合成 $SiO_2\text{-}Al_2O_3$ 催化剂的空隙度（即细孔容积）来增加催化剂的比表面积，从而提高活性。

② $SiO_2\text{-}MgO$ 催化剂。这类催化剂中 MgO 含量以 25％～30％为适当，一般在 30％左右较好。

通常，可用 HF 处理来改善 $SiO_2\text{-}MgO$ 催化剂的耐热性和再生性。

③ 分子筛催化剂。第一个工业化的分子筛催化剂是 X 型催化剂（Si/Al 比小于 3.0）。1968 年后，X 型催化剂被 Y 型催化剂（Si/Al 比大于 3.0）取代，因为 Y 型的 Si/Al 比

高，热稳定性好，耐酸性也好。

稀土 Y 型分子筛（ReY）是三价稀土离子（Re^{3+}）取代了 NaY 沸石中的 Na^+，并形成了均匀、高密度的酸性中心，因此其活性和稳定性都较 NaY 有所提高。

稀土氢 Y 分子筛（ReHY）较 ReY 分子筛，骨架中稀土含量大大降低，其活性也降低，但选择性和稳定性明显提高。

超稳 Y 型分子筛（USY），骨架铝部分脱除，硅铝比（通常为 7～8）明显提高，催化反应时能减少氢转移反应，提高汽油中烯烃含量及辛烷值，减少焦炭产率，并可提高轻油收率和增加处理量。

分子筛催化剂催化裂化的特点是：a. 对烷烃、环烷烃与芳烃侧链均具有很高的裂化活性；b. 选择性好，能获得较高产率的汽油；c. 氢转移、环化和芳构化活性很高；d. 具有择形特性。

第六节 化肥工业催化剂

一、概述

我国化肥催化剂技术发展的起点要溯源于 1934 年，当年在南京动工兴建了中国第一个化学肥料基地。这个基地采用的催化过程是水煤气变换制氢、氨合成、硫酸制造中的二氧化硫氧化、硝酸制造中的氨氧化等，我国科技人员在工厂实践中熟悉并掌握了当时化肥催化剂的使用技术。

我国在 20 世纪 50 年代开始只生产铁铬系中温变换催化剂、铁基氨合成催化剂以及硫酸钒催化剂，产品主要供中、小型氮肥厂和硫酸厂使用，品种单一，性能较差。

1965 年配合合成氨新流程的需要，中国科学院、化学工业部联合开发了低温变换催化剂、甲烷催化剂和氧化锌脱硫剂用于国内新设计的中型氨厂。

1973 年为配合引进的 13 套大型化肥厂，开展对大型合成氨装置所需的 8 种催化剂的开发研究。经过数年的研究开发工作，8 种催化剂均已达到了预期的要求，催化剂主要性能指标也均达到了国外同类产品的水平，并在大型合成氨装置上使用，催化剂国产率已经达到 80％以上。

我国自行设计、自行建造的第一套年产 30 万吨合成氨装置于 20 世纪 80 年代初在上海投产，首次全部采用了我国自己研制和生产的 8 种催化剂。使用结果表明：催化剂质量稳定。目前引进的大型合成氨装置除少数品种外，绝大部分已使用国产催化剂。1986 年从德国引进年产 30 万吨合成氨装置采用的 ICI 的 AMV 流程，伍德公司已同意将其中 6 种催化剂选用中国生产的产品。从日本东予公司引进的贵溪冶炼厂年产 36 万吨硫酸装置（系我国最大单系列装置），于 1988 年底也开始使用南化公司催化剂厂生产的钒催化剂。

目前，我国自己开发的化肥催化剂包括合成氨工业、硝酸工业、硫酸工业、甲醇工业等共 9 类、21 种、近百种型号。

二、原料净化催化剂

1. 概述

原料气中一些气体杂质对石油化工生产所用的许多催化剂都有很强的毒害作用。随着石油化工生产技术的发展，一些工艺过程如重整、加氢、制氢、聚合以及羰基合成丁醇，乙烯氧化制环氧乙烷、乙二醇，低压法合成甲醇等，正向节能、高效方向发展，其使用多年的催化剂逐渐被新型催化剂所代替，这些催化剂对毒物限量提出更高的要求，以确保催化剂活性和使用寿命。

为了满足国内石油化工快速发展的需要，十多年来，我国干法净化技术有了飞速发展，由单纯脱硫技术向脱氯、脱砷、脱氧、脱氢等多方面发展，尤其解决了在低温（常温～120℃）下脱除焦炉气、半水煤气、一氧化碳、二氧化碳等气体中硫化物的课题能够生产出高纯度的原料气，从而促进了关于碳-化学的发展。除干燥剂外，国内市售净化剂有 10 类，共 116 种型号，年产量达 5300t。

2. 脱硫催化剂

原料气中普遍存在着硫化氢（H_2S）和有机硫（RSH、RSR 等），少数气体中还含有二氧化硫（SO_2）和三氧化硫（SO_3）。

硫是许多工业催化剂的毒物，其主要中毒原因不外乎硫与催化剂活性中心发生有害的化学吸附或者催化剂活性组分与硫反应而失活。在合成氨原料气中，硫化物的存在不但会使催化剂中毒，而且会增加气体对金属的腐蚀。此外，在空气气提过程中 H_2S 被氧化成硫黄，而硫黄的析出会堵塞设备和填料。在合成氨生产过程中，由于工艺流程和所使用的催化剂不同，所以对原料气脱硫的要求亦不同。

合成氨生产所使用的各种催化剂中，属天然气、轻油蒸气转化使用的镍催化剂对硫最为敏感，要求进入转化炉气体中的总硫量不大于 $0.2mg/m^3$（标）。

CO 高温变换催化剂要求原料中 H_2S 含量小于 $100mg/m^3$（标）。对铜锌铬低温变换催化剂，要求原料气中的总硫含量小于 $1mg/m^3$（标）。

硫对甲烷化催化剂、氨合成催化剂的毒害是积累性的，为了使催化剂维持较长的寿命，提高设备操作周期，对原料气中硫含量要求越来越高。如甲烷化催化剂要求脱硫后净化气总硫含量不得超过 $0.017mg/m^3$（标）。

脱除气体中 H_2S 的方法很多，一般可分为湿法和干法两大类。

湿法脱硫按照溶液的吸收和再生性质可分为氧化法、化学吸收法、物理吸收法、物理化学吸收法等。

干法脱硫按照脱硫剂的性质可分为加氢转换法、吸收或转化吸收法、吸附法等。

按其净化后 H_2S 净化度不同又可分为粗净化 $[1×10^{-3} kg/m^3$（标）]、中等净化 $[2×10^{-5} kg/m^3$（标）] 和精细净化 $[1×10^{-6} kg/m^3$（标）]。近代合成氨工业中所使用的催化剂对原料脱硫的要求越来越高，而只有干法脱硫才能达到精细脱硫的要求。

在含有机硫的情况下，首先使有机硫化物产生加氢分解反应，转化成无机硫（如 H_2S），然后再进一步除去。

（1）氧化锌脱硫剂　氧化锌脱硫剂是一种转化-吸收型脱硫剂。主要成分为氧化锌，还常常含有一些氧化铜、二氧化锰、氧化镁等促进剂和钒土水泥等黏结剂。

氧化锌脱硫剂在使用过程中，与硫化氢发生非催化的化学吸收反应变成硫化锌，吸收作用随之逐渐消失，因此严格地说，它不是催化剂，而属于净化剂。它能脱除硫化氢和多种有机硫（噻吩类除外），脱硫精度一般可达 $0.3mg/m^3$（标）以下，硫容量可达 10%～25%（质量分数）以上。其使用方便，价格较低，在氨厂中广泛使用。由于硫化氢 H_2S 和氧化锌 ZnO 反应可生成不能再生的硫化锌（ZnS），故一般用于精脱硫过程。

（2）氧化铁脱硫剂　氧化铁是一种很好的脱硫剂，很早就被使用。近年来又有了许多改进，特别是人工合成的氧化铁，它原料易得，价格便宜，如用硫酸生产中的废渣、炼铝厂的红矿渣、高温变换铁催化剂的下脚料铁渣、铁矿等，再加一些辅料即可制成。理论上 1kg

氧化铁可吸收 0.64kg H_2S，但实际上只能达到理论值的 50%。氧化铁脱硫剂可分为三种类型：常温型脱硫剂、中温型脱硫剂和高温型脱硫剂。在合成氨工业中，仅限于常温型脱硫剂和中温型脱硫剂。各种氧化铁脱硫剂脱硫方法的特点列于表 5-1。

表 5-1 各种氧化铁脱硫剂脱硫方法的特点

方 法	脱硫剂	使用温度/℃	脱除对象	生成物
常温脱硫	$Fe(OH)_3$	25～35	H_2S,RSH	$Fe_2S_3 \cdot H_2O$
中温脱硫	Fe_3O_4	350～400	H_2S,RSH,COS,CS_2	FeS,FeS_2
中温铁碱法	Fe_2O_3,Na_2CO_3	150～280	H_2S,RSH,COS,CS_2	Na_2SO_4
高温脱硫	Fe	＞500	H_2S	FeS,FeS_2

（3）铁锰脱硫剂　铁锰脱硫剂是以氧化铁和氧化锰为主要成分，并含有氧化锌等促进剂的转化-吸收型双功能脱硫剂。使用前要用 H_2 进行还原，Fe_2O_3 和 MnO_2 分别被还原成具有脱硫活性的 Fe_3O_4 和 MnO。

在铁锰脱硫剂上，RSH、RSR、COS 等有机硫化物可进行氢解反应生成 H_2S，也可能发生热解反应而生成水和烯烃，其反应方程式为：

$$COS + H_2 \longrightarrow CO + H_2S \tag{5-31}$$

$$RSH + H_2 \longrightarrow RH + H_2S \tag{5-32}$$

$$C_6H_5SH + H_2 \longrightarrow C_6H_6 + H_2S \tag{5-33}$$

$$RSR' + 2H_2 \longrightarrow RH + R'H + H_2S \tag{5-34}$$

氢解或热解所生成的 H_2S 可被脱硫剂吸收，其主要反应为：

$$3H_2S + Fe_3O_4 + H_2 \longrightarrow 3FeS + 4H_2O \tag{5-35}$$

$$H_2S + MnO \longrightarrow MnS + H_2O \tag{5-36}$$

其中，RSH 和 RSR′亦可被 Fe_3O_4 和 MnO 吸收生成 FeS 和 MnS 而脱除。

（4）活性炭脱硫剂　硫化氢和氧在活性炭参与下反应生成硫，随后硫被活性炭吸附。其反应方程式如下：

$$H_2S + O_2 \longrightarrow H_2O + S \tag{5-37}$$

为使反应在一般温度下具有足够的速度，在待净化气体中加入一定量的氨，氨为有机硫含量的 2～3 倍，它可以使活性炭表面保持必要的碱度，以提高反应速率、脱硫效率和硫容。另用碱金属处理后的活性炭，吸收能力可提高很多。如用铁处理过的活性炭，处理能力为 $1 \times 10^5 m^3/m^3$；如用铜处理，其处理能力可达 $2 \times 10^5 m^3/m^3$。

用活性炭吸附法脱硫，以脱除硫醇最为有效，硫化氢脱除量有限，硫醚、二硫化物、噻吩等脱除量最小，硫、氯、碳脱除率最差。用过的活性炭，可用蒸汽或净化后的天然气进行再生。

三、烃类蒸汽转化催化剂

早在 1913 年，BASF 公司就提出了烃类和水蒸气在催化剂的存在下转化制取氢气的专利。随着气态烃蒸汽转化技术的进展，转化催化剂从 20 世纪 50 年代的硅酸钙催化剂发展为铝酸钙催化剂。截至 20 世纪 60 年代，合成氨工厂日趋大型化，烃类转化工艺向着高压方向发展，许多国家的相关公司均开始研制并生产低表面耐火材料为载体的转化催化剂来满足转化工艺发展，对转化催化剂的活性、强度、杂质及抗结炭等性能提出新的要求。

我国自 1956 年开始研究烃类部分氧化催化剂。几十年来，我国各催化剂研究单位研制成功一系列用于烃类蒸汽转化的催化剂。20 世纪 80 年代以来，我国烃类蒸汽转化催化剂的质量已达到国际水平。

烃类蒸汽转化过程主要进行如下反应：

甲烷转化：　　　$CH_4 + H_2O \longrightarrow CO + 3H_2$　　　$\Delta H_{298}^{\ominus} = 206.3 kJ/mol$　　　(5-38)

　　　　　　　　$CH_4 + 2H_2O \longrightarrow CO_2 + 4H_2$　　　$\Delta H_{298}^{\ominus} = 165.3 kJ/mol$　　　(5-39)

烷烃转化：　　　$C_nH_{2n+2} + nH_2O \longrightarrow nCO + (2n+1)H_2$　　　(5-40)

　　　　　　　　$C_nH_{2n+2} + 2nH_2O \longrightarrow nCO + (3n+1)H_2$　　　(5-41)

烯烃转化：　　　$C_nH_{2n} + nH_2O \longrightarrow nCO + 2nH_2$　　　(5-42)

　　　　　　　　$C_nH_{2n} + 2nH_2O \longrightarrow nCO + 3nH_2$　　　(5-43)

转化反应中生成的 CO 会进一步与水蒸气进行水煤气变换反应，同时产生氢气：

　　　　　　　$CO + H_2O \longrightarrow CO_2 + H_2$　　　$\Delta H_{298}^{\ominus} = -41.2 kJ/mol$　　　(5-44)

如果原料中有 CO_2，会进行下面的反应：

　　　　　　　$CO_2 + CH_4 \longrightarrow 2CO + 2H_2$　　　$\Delta H_{298}^{\ominus} = 247.3 kJ/mol$　　　(5-45)

一般都采用水蒸气来进行转化反应，仅在为制取合成甲醇等的原料气时才配入一定量的 CO_2，来调节产品气中 CO 和 H_2 的比例。

研究表明，Ⅷ族元素对烃转化发应均有催化活性，对甲烷和乙烷蒸汽转化的活性大小顺序为：

$$Rh、Ru > Ni > Ir > Pd、Pt > Co、Fe$$

其中，Rh、Ru 贵金属的活性比镍高，但其价格昂贵，使得单位成本过高，故至今工业装置使用的催化剂均以镍为活性组分，有时配以少量的其他活性组分。镍在催化剂中的含量一般为 2%～30%（质量分数）。研究表明，具有较小的颗粒及较大的镍表面的转化催化剂的活性较高。

由于转化催化剂使用温度较高，易产生镍晶粒长大、熔结，使催化剂活性衰退，因此常添加难还原、难挥发的重金属氧化物如 Cr_2O_3、Al_2O_3、MgO、TiO_2 等作助催化剂，MgO、TiO_2 及镧、铈的氧化物等对维持转化催化剂的活性、稳定性有明显作用。

钙的化合物、钡及钛的氧化物能提高转化催化剂的机械强度及耐热性能。

为提高转化催化剂的抗结炭性能，常添加能改变催化剂表面酸性的碱金属或碱土金属，最常用的有 K_2O、CaO、TiO、稀土元素氧化物、铀和钍的氧化物等。

与转化反应的高温环境相适应，转化催化剂的载体通常都是高熔点氧化物，如 Al_2O_3、MgO、CaO、CrO_2、TiO_2 或其他化合物。常用的有硅铝酸钙载体、铝酸钙载体和低表面耐火材料载体三类。

四、甲烷化催化剂

合成氨催化剂一般要求原料气中一氧化碳（CO）和二氧化碳（CO_2）的总浓度小于 10×10^{-6}，过量部分必须除去，否则会导致催化剂的快速失活。甲烷化过程是脱除碳氧化物的较好方法。

甲烷化是 CO 和 CO_2 在催化剂的作用下深度加氢生成 CH_4 和 H_2O 的过程：

　　　　　　　　$CO + 3H_2 \longrightarrow CH_4 + H_2O + Q$　　　(5-46)

　　　　　　　　$CO_2 + 4H_2 \longrightarrow CH_4 + 2H_2O + Q$　　　(5-47)

还伴有水气变换和 CO 歧化结炭反应。当原料气含微量 O_2 时，也能在催化剂作用下与 H_2 反应生成水。显然，两个主反应都是强烈放热的可逆反应。

对 CO 甲烷化具有活性的元素对 CO_2 甲烷化也同样有活性。不同元素的活性顺序如下：

$$Ni>Co>Fe>Cu>Mn>Cr>V$$

Ni、Ru、Fe 是人们感兴趣的活性组分。Ru 活性很高,但价格贵,且在正当条件下并不比普通镍催化剂活泼,故使用价值不大;Fe 系催化剂活性低,需要高温和高压操作,且选择性差、易结炭。所以,工业催化剂活性组分一般为 Ni,含量通常在 $10\%\sim30\%$ 之间,其中制备方法不同,Ni 含量有较大的差异。

所使用的载体主要是 $\gamma\text{-}Al_2O_3$,其他还有 SiO_2、高岭土、铝酸钙水泥。国内最新推出的 J107 催化剂改用 ZrO_2,其 Ni 含量仅为 J105 的 $1/4$,但催化性能明显优于 J105。一般而言,对 CO_2 甲烷化的顺序为 $SiO_2>Al_2O_3>ZrO_2$,而对 CO 甲烷化选择性的顺序刚好相反。

研究表明,稀土作为助催化剂和 MgO 一样都可使催化剂在制备时增加镍晶粒的分散度,并抑制在热作用下镍晶粒长大,但稀土作用大于 MgO,而以同时添加稀土与 MgO 的催化剂性能最佳,两者在一起具有交互作用,可以加快 CO 脱附过程,从而提高了活性。在添加方式上,以 Ni-La 共沉淀方式再与渗有 Mg 的 $\gamma\text{-}Al_2O_3$ 混合的方式最佳,采用浸渍法,则以 La-Mg 共浸再浸 Ni 的方法为好。

五、CO 变换催化剂

由各种原料制得的合成气中含有不同浓度的 CO($10\%\sim50\%$),而 CO 是氨合成催化剂的毒物,必须脱除。脱除的方法是:将 CO 的混合气体在催化剂的作用下与水蒸气反应,变换为易吸收的 CO_2,同时得到相应量的 H_2,消耗的只是水蒸气。CO 变换反应为:

$$CO+H_2O\longrightarrow CO_2+H_2 \qquad \Delta H_{298}^{\ominus}=-41.2kJ/mol \tag{5-48}$$

CO 变换作为一个工业上的生产方法,许多国家都有大量的变换催化剂生产,品种型号很多,按催化剂的化学成分不同可分为铁铬系、铁镁系、铜锌系、钴钼系等。

我国在 20 世纪 50 年代初开始生产 Fe-Cr 系催化剂,60 年代中期成功研制出 Cu-Zn 系低温变换催化剂,70 年代研制成功 Fe-Mo、Co-Mo 耐硫宽温变换催化剂,并广泛用于各种类型的氨厂。

(1) CO 中温变换催化剂 20 世纪初开始用 CO 变换反应制取 H_2,所用催化剂的主要组分为铁和铬的氧化物,通常称为铁铬系 CO 变换催化剂。此类催化剂在国家标准中被称为高温变换催化剂,本节仍按国内习惯将其称为中温变换催化剂。

中温变换催化剂的主要组分是以氧化铁 Fe_2O_3 为主,Cr_2O_3 为主要助剂的铁铬系催化剂。为提高催化剂的性能,某些型号的催化剂中还添加了 K_2O、CaO、MgO 或 Al_2O_3 等助剂。

中温变换催化剂产品在出厂时含有 90% 左右的 Fe_2O_3,其余为 Cr_2O_3 等助剂。使用时,中温变换催化剂在水蒸气存在的条件下,用 H_2/或 CO 将 Fe_2O_3 还原成 Fe_3O_4 才有较高的活性,还原反应如下:

$$Fe_2O_3+H_2\longrightarrow 2FeO+H_2O \qquad \Delta H_{298}^{\ominus}=-9.6kJ/mol \tag{5-49}$$

$$Fe_2O_3+CO\longrightarrow 2FeO+CO_2 \qquad \Delta H_{298}^{\ominus}=-50.8kJ/mol \tag{5-50}$$

铁铬系催化剂的活性温度较高,为 $350\sim450℃$;抗硫性能却较差,而且铬对生产及操作人员的身体健康和环境保护均有破坏。因此,中温变换催化剂最新发展方向是研制无铬的催化剂,这是一个世界性的难题。

(2) CO 低温变换催化剂 由于金属铜的高活性,使之成为特别适用于低温的催化物质。1963 年,铜基低温变换催化剂首先在美国应用于合成氨工业,我国于 1965 年也开发成功此类催化剂。

金属铜微晶是低温变换催化剂的活性组分，在 200℃ 左右使用时会迅速向大晶粒转变，这就是通常所说的"半熔"或"烧结"。为了防止细分散的 Cu 微晶相互接触，通常添加 ZnO、Al_2O_3 和 Cr_2O_3 三种物质，因三者的熔点都明显高于 Cu 的熔点，故是最适宜作 Cu 微晶在细分散态的间隔稳定剂。

低温变换催化剂产品分为铜锌铝（Cu-Zn-Al）系和铜锌铬（Cu-Zn-Cr）系两大类。由于 Cr_2O_3 价格比 Al_2O_3 贵，对生产操作人员身体有害又污染环境，故国内外的低温变换催化剂发展趋势是用 Cu-Zn-Al 系取代 Cu-Zn-Cr 系，我国开发的产品大多也是 Cu-Zn-Al 系。

低温变换催化剂在使用前需升温还原，将 CuO 变为 Cu 微晶。还原反应如下：

$$CuO+H_2 \longrightarrow Cu+H_2O \qquad \Delta H_{298}^{\ominus}=-86.6kJ/mol \qquad (5-51)$$

$$CuO+CO \longrightarrow Cu+CO_2 \qquad \Delta H_{298}^{\ominus}=-127.6kJ/mol \qquad (5-52)$$

由于还原反应放热量大，国内外合成氨厂在还原过程中，因操作不慎而烧坏催化剂或缩短其寿命的实例都不少。因此精心还原低温变换催化剂极其重要。

低温变换催化剂中的铜和氧化锌易受硫化物和氯化物的毒害。而活性铜对氨等毒物也非常敏感，所以在工艺中对硫、氯、氨等毒物的净化要求很高。

（3）CO 宽温（耐硫）变换催化剂 当用劣质的褐煤或用含硫量较高的重油作为造气的原料时，原料气中硫含量很高。在这种情况下，铜锌系催化剂的耐硫能力有限，从 20 世纪 60 年代起，人们开始寻求具耐硫性能的变换催化剂。

钴钼系宽温变换催化剂（国外称为耐硫变换催化剂）于 20 世纪 70 年代初问世，我国于 1985 年开始在合成氨厂使用此类型催化剂。钴钼系宽温变换催化剂有两大类：钴钼钾系和钴钼镁系。前者广泛使用于以镁或重油为原料，变换压力低于 3.0MPa 的合成氨厂，占国内此类宽温变换催化剂用量的 95% 以上；后者适用于变换压力高于 3.0MPa 的合成氨厂，仅有少数几个大型合成氨厂采用此类宽温变换催化剂。

元素周期表中 ⅥB 和 ⅦB 族中的某些金属氧化物（如 Co、Mo、Ni、W 等）或它们的混合物负载在氧化铝上是很好的宽温变换催化剂。添加碱金属（如 K、Mg 等）可提高催化剂的活性，例如得到广泛使用的 Co-Mo-K 负载在 γ-Al_2O_3 上，就是一种性能优异的宽温变换催化剂。

宽温变换催化剂同其他类型的化肥催化剂一样，出厂产品为氧化态。需要经过硫化（即活化）后方可使用，硫化的好坏对硫化后催化剂的性能非常关键。硫化剂一般用 CS_2。因 CS_2 沸点低，易燃烧，不易运输，目前有的厂用泡沫硫化剂和固体硫化剂代替 CS_2 进行宽温变换催化剂的硫化。硫化过程的主要反应方程式为：

$$CS_2+4H_2 \longrightarrow 2H_2S+CH_4 \qquad \Delta H_{298}^{\ominus}=-240.6kJ/mol \qquad (5-53)$$

$$MoO_3+2H_2S+H_2 \longrightarrow MoS_2+3H_2O \qquad \Delta H_{298}^{\ominus}=-48.1kJ/mol \qquad (5-54)$$

$$CoO+H_2S \longrightarrow CoS+H_2O \qquad \Delta H_{298}^{\ominus}=-13.4kJ/mol \qquad (5-55)$$

与 Fe-Cr 系和 Cu-Zn 系变换催化剂相比，宽温变换催化剂有突出的性能：低温活性好，在 160℃ 时即有优异的活性；很宽的活性温区，可在 160~500℃ 范围内使用；耐硫与抗毒性强，其气体含硫量上限无要求，少量的 NH_3、HCN、C_6H_6 等对催化剂无影响；强度高，寿命长，硫化后的催化剂强度可比硫化前提高 50% 以上，一般可使用 5 年。使用宽温变换催化剂的主要缺点之一是硫化过程比较麻烦。

六、氨合成催化剂

1905 年德国的 A·Mittasch 和他的同事考察了元素周期表中几乎所有元素之后，成功开发了以铁为主体，以氯化铝、氯化钾为促进剂的铁系氨合成催化剂，并于 1913 年首次在 BASF 公司开发的氮和氢合成氨的 Haber-Bosch 过程中进行商业化生产，一直沿用至 20 世纪 50 年代且无多大的变化。

近几十年来，氨合成催化剂的开发有不少进展，甚至突破了铁系催化剂，相应的催化剂活性也大幅度提高。我国自 1953 年就能自己生产氨合成催化剂，并不断发展，目前已达到国际先进水平。现有氨合成催化剂 19 个型号，年生产能力达 1.5 万吨，年产量 9000 吨左右，不但能满足国内各大、中、小合成氨厂的需要，而且还有部分产品出口。

目前世界上工业用的商业化氨合成催化剂仍然是熔铁催化剂，主要含铁的氧化物在 90% 以上，其他是加入的各种促进剂。

铁是工业氨合成催化剂的主催化剂。催化剂的活性中心经还原后主要是 α-Fe 构成的，它的功能是化学吸附分子氮，从而使氮氮三键削弱，以利于加成反应。

钴是工业氨合成催化剂的共催化剂。钴本身也具有催化作用，它的加入在熔融过程中与磁铁矿形成固溶体，使离子半径较小的钴离子取代离子半径较大的铁离子。尤其是还原晶粒度明显变小，晶格畸变，增加了活性中心数目，同时也改善了孔结构。因而使催化剂活性提高，特别在低温、低压下尤为显著。

纯铁作催化剂不但活性不高，而且寿命不长，必须加入促进剂才能成为有效的工业催化剂。K_2O、Al_2O_3、CaO、MgO、SiO_2 和 CeO_2 等作促进剂（即助催化剂），对催化活性、耐热性、抗毒性等都有很大影响。这些组分加在一起熔融后，形成了一个特殊新物质，在熔炼过程中发生了一连串的物理化学变化，在催化过程中又有扩散等物理过程和表面反应等化学过程作用。

工业氨合成催化剂在还原前是没有活性的，需要经过用氢气或氢/氮混合气将铁的氧化物还原成金属 α-Fe，催化剂的活性中心才能产生。这个过程中，催化剂将发生许多物理化学变化，这些变化对催化剂性能将起决定性影响。适当控制还原过程的各种因素，对获得性能优良的催化剂是十分重要的。

氨合成催化剂母体的 Fe^{2+}/Fe^{3+} 值不同，其还原情况不一样。还原后产物都是以分散成很细的 α-Fe 晶粒（2×10^{-8} m，约 200Å）的形式存在于催化剂中，构成了氨合成催化剂活性中心。还原后催化剂的孔隙体积约占催化剂颗粒体积的 50%。

第七节　环境保护催化剂

一、概述

环境污染主要分大气污染、水域污染、土壤污染、放射性污染和噪声污染。尤其是大气污染和水域污染，一切生命体都会受到危害。

污染大气的主要有害物质是硫氧化物 SO_x、氮氧化物 NO_x、CO、挥发性有机化合物 VOC（如烃类 C_xH_x）、粉尘等。硫氧化物 SO_x 主要来自火力发电厂、冶金厂、化工厂以及煤或重油为燃料的厂矿。氮氧化物 NO_x 主要来自煤、重油、汽油等的高温燃烧过程，因空气中含有 N_2 和 O_2，高温燃烧过程中不可避免会产生 NO_x、烃类及其他有机化合物，常具有恶臭和刺激性，对人类和动植物都有害。在紫外线照射下，NO_x 发生光化学反应产生过氧化酰基硝酸酯、臭氧、醛类等而形成光化学烟雾，对生命体危害很大。

环境保护用催化剂就是用于处理有害气体或液体的催化剂。

由于废气净化的特点，对催化剂具有一定的要求，其中主要有以下五点。

① 要求处理废气中有害物质含量很低，通常只有千分之几，甚至百万分之几。在处理后，要求有害物质的含量降到 10^{-6} 级甚至 10^{-9} 级，因此要求催化剂具有极高的去除有害物质的效率；

② 要求处理气体的量大，催化剂必须具有能承受流体冲刷和压力降作用的强度；

③ 被处理的气体通常含有粉尘、重金属、含氮及硫的化合物、硫酸雾、CO、CO_2、H_2O、碳氢化合物等，因此要求催化剂抗毒性能强、化学稳定性高、选择性好；

④ 催化剂使用过程中经常受到震动、摩擦、冲击，另外，由于生产过程中开车、停车或其他条件的影响，欲处理的气体或液体的成分、流量和温度等反应条件经常会发生剧烈变动，因此要求催化剂具有高强度和高稳定性，并且在很长的反应条件下仍具有高活性；

⑤ 要求不产生二次污染。

二、工业有机废气净化催化剂

工业有机废气净化催化剂的一般要求是：在一定的燃料/空气比下应有尽可能低的起燃温度；在最低预热温度、浓度及最大空速条件下仍能保持完全燃烧；催化剂载体具有较大比表面、低阻力和耐热性能；具有优良的活性和热稳定性。与催化氧化要求的催化剂性质不一样，此处要求有机物全部完全氧化为 CO_2 和 H_2O。

一般常用的燃烧催化剂有贵金属、金属氧化物、金属氧化物中添加少量贵金属及活性蜂窝体状载体四类催化剂。

（1）贵金属催化剂对于完全氧化反应，贵金属的催化活性顺序为：

$$Ru > Rh > Pd > Ir > Pt$$

实际使用的只有 Pd 和 Pt。

贵金属催化剂具低温高活性和起燃温度低的特点，但一超过某一温度会使转化率直线上升，只生成 CO_2 和 H_2O，不存在中间产物。

（2）金属氧化物催化剂挥发性有机物在金属氧化物上完全燃烧的活性顺序大致为：

$$Co_3O_4 > Cr_2O_3 > MnO_2 > CuO > Ge_2O_3 > NiO > MoO_3 > TiO_3$$

常用作完全氧化催化剂的是钙钛矿 ABO_3 型结构和尖晶石 AB_2O_4 型结构的复合氧化物。主要体系是：Cu-Cr-O、Cu-Mn-O、Mn-Co-O 及 Cr-Co-O，即以 Cu、Cr、Mn、Co 为主要活性组分。复合氧化物对烃类完全氧化的催化活性低于贵金属催化剂。

（3）金属氧化物与贵金属复合催化剂　例如，痕量的 Pt 添加到 ABO_3 型复合氧化物催化剂中可提高抗硫性能。

（4）活性蜂窝状载体催化剂　这是一种将活性组分（金属氧化物或贵金属）与载体基质材料掺混后成型，使活性组分进入蜂窝状载体结构的催化剂，它可大幅度提高其结构稳定性。

催化剂载体可分为活性载体与惰性载体两类。活性载体是 $\gamma\text{-}Al_2O_3$、分子筛、硅胶等，活性组分一般用浸渍法负载在载体上。惰性载体一般以堇青石 $2MgO\text{-}2Al_2O_3\text{-}5SiO_2$ 为基质材料，制成蜂窝状。在燃烧催化剂中，使用陶瓷蜂窝载体已十分普遍。

三、发电厂烟道气处理催化剂

发电厂烟道气中含有因燃烧含硫煤或重油产生的 SO_2，以及 SO_2 进一步氧化所形成的 SO_3，它们一般统称为硫氧化物 SO_x。另一种需要处理的是发电厂燃煤或重油燃烧时与空气中的氮所形成的氮氧化物 NO_x。一般燃烧的烟道气中含 NO_x 为 $200\sim500\text{mL/m}^3$，SO_2 为 $0.01\%\sim0.2\%$，CO 为 $0\sim3\%$，O_2 为 $1\%\sim5\%$，H_2O 为 $10\%\sim13\%$，CO_2 为 $8\%\sim10\%$，

其余为 N_2。

1. 烟道气脱硫

早期的脱硫方法主要是将 SO_2 氧化成 SO_3，再用水或稀硫酸吸收。这种方法的好处是可直接利用硫酸工业中使用的钒催化剂达到脱硫的目的。该法的缺点是催化剂用量大，设备庞大，投资大，所得硫酸浓度较低，用途有限。

将 SO_2 直接催化还原成元素硫，是一种较新颖的治理方法。其基本原理是利用煤燃烧过程中不完全燃烧所产生的 CO 及水煤气变换反应生成的 H_2 为还原剂，将烟道气中的 SO_2 选择性地直接还原成元素硫。这既能消除烟道气中 SO_2 的污染，又能获得有用的化工产品。

还有一种脱除烟道气中 SO_2 的方法是活性炭法。其先用活性炭将 SO_2 吸附富集，然后使其氧化为 SO_3，后者与水反应生成硫酸，存在于活性炭的微孔中，硫酸浓度取决于水的流速和用量，德国 Lurgi 公司就是采用此法来处理烟道气中 SO_2，可以获得 $10\% \sim 20\%$ 的硫酸。这一方法在欧洲电厂使用较为普遍。

2. 烟道气脱氮

烟道气脱氮主要是指脱除 NO_x。烟道气中 NO_x 的含量与 SO_x 相近，但对人类健康的威胁却超过 SO_x，当 NO_2 超过 $200mL/m^3$ 就会使人瞬间死亡，而 SO_2 则在 $400 \sim 500mL/m^3$ 范围就会使人瞬间死亡。

对环境中 NO_x 含量的限制以日本最为严格，含 NO_x 以 mL/m^3 计，日本为 0.02，俄罗斯为 0.04，美国、德国、荷兰、捷克等为 0.05，意大利为 0.09。

常见的脱硫方法有以下几种：

（1）非选择性还原法

① 用天然气作还原剂。天然气主要成分是甲烷 CH_4，它使 NO_2 及 NO 被还原，但氧也被还原。其反应过程为：

$$CH_4 + 4NO_2 \longrightarrow 4NO + CO_2 + 2H_2O \qquad (5\text{-}56)$$

$$CH_4 + 4NO \longrightarrow 2N_2 + CO_2 + 2H_2O \qquad (5\text{-}57)$$

$$CH_4 + 2O_2 \longrightarrow CO_2 + 2H_2O \qquad (5\text{-}58)$$

其中式(5-56)最快，式(5-57)最慢。

烟道气中残留氧要消耗甲烷还原剂，烟道气中 1% 的氧要消耗相当于发电所用燃料的 5%，并使温度上升 $100℃$ 左右，故用天然气还原 NO_x 时必须控制使烟道气中残留氧尽可能低。该反应热效应较高，应考虑能量回收。

② 用 CO 作还原剂。美国 Chevron 研究公司以 Cu/Al_2O_3 为催化剂，用 CO 作还原剂，可同时脱除 NO_x 和 SO_x，O_2、SO_2 和 NO 均被 CO 还原，其反应为：

$$O_2 + 2CO \longrightarrow 2CO_2 \qquad (5\text{-}59)$$

$$SO_2 + 2CO \longrightarrow S + 2CO_2 \qquad (5\text{-}60)$$

$$2NO + 2CO \longrightarrow N_2 + 2CO_2 \qquad (5\text{-}61)$$

式(5-59)最快，式(5-61)最慢。

由于 O_2 优先还原，为保证 SO_x 和 NO_x 的还原，就必须使 CO 过量，此时元素硫就会与 CO 反应生成 COS。为防止 COS 和 H_2S 的生成，只保证 NO_x 和残留氧被还原，放弃同时脱 NO_x 和 SO_x 的设想，而是将 SO_2 用铁锰脱硫剂除去。

③ 用氢作还原剂。用氢还原 NO 可能生成 N_2、NH_3 和 N_2O，但在氧的存在下不可能生成 NH_3，且生成的 N_2O 也仅能在贵金属或钒、锰催化剂上观察到，因此可通过改变催化剂选择性来避免 N_2O 的生成。但由于用氢还原时可能生成爆鸣气，实际上也很少使用。

（2）选择性还原法　日本在 20 世纪 70 年代开发氨选择性还原 NO_x 技术，即在 V_2O_5/TiO_2 催化剂上用氨选择性地将 NO 或 N_2O 还原为 N_2 和 H_2O，残留氧对反应无影响。该法可用于硝酸厂尾气、发电厂烟道气和燃重油锅炉废气的处理。相应的反应如下：

$$6NO+4NH_3 \longrightarrow 5N_2+6H_2O \tag{5-62}$$

$$6NO_2+8NH_3 \longrightarrow 7N_2+12H_2O \tag{5-63}$$

氨选择性还原率相当高，氨的实际用量近似和 NO_x 等相对分子质量，温升也很小，勿需专门回收热能设备。当 NH_3 将 NO_x 完全还原成 N_2 后，稍过量的 NH_3 将与氧反应生成氮，故处理后气体中也无残留的氨。

选择性还原所用催化剂早期以贵金属为主，其中 Pt 优于 Pd，一般用 0.2%～1% 的 Pt 负载于 Al_2O_3 上，制成片剂、球形或蜂窝状。但近年都用非贵金属氧化物如 TiO_2、V_2O_5、MoO_3 或 WO_3。用铂催化剂的使用温度为 180～290℃，金属氧化物则在 230～425℃，若要在 360～600℃ 或更高的温度下操作可使用分子筛催化剂。

四、汽车尾气净化催化剂

1. 汽车尾气的污染与排放标准

1945 年美国洛杉矶发生光化学污染事件，这引起了人们对汽车尾气污染的关注。加利福尼亚州政府于 1949 年建立洛杉矶空气污染控制特区，并于 1959 年颁布了世界上第一部对汽车尾气排放提出限制的健康与安全法典。

造成大气污染的最大污染源就是汽车尾气。在美国，75.4%CO、56.2%C_xH_y 和 51.5%NO_x 来自汽车尾气，而在日本，93%CO、57.3%C_xH_y 和 57.3%NO_x 来自汽车尾气。

从理论上讲，汽油在发动机汽缸内完全燃烧后仅排放出二氧化碳和水蒸气。但实际上由于供油系统工作不稳定、点火系统不协调、缸内燃烧不均匀，会使尾气中 CO 含量达 1%～2%，某些性能特差的发动机尾气中 CO 含量不小于 6%；未完全燃烧的 C_xH_y 为 500～1000mL/m³，特差的发动机尾气中 C_xH_y 不小于 3000mL/m³；高温下生成的 NO_x 为 100～3000mL/m³。这三者是汽车尾气对大气污染的主要成分。各国对汽车尾气的排放标准如表 5-2 所示。

表 5-2　各国对汽车尾气的排放标准

国家或组织	生效年份	最大允许量/(g/km)			国家或组织	生效年份	最大允许量/(g/km)		
		CO	C_xH_y	NO_x			CO	C_xH_y	NO_x
美国	1972	24.2	2.1	1.9	欧盟	1974	37.8	2.5	—
	2004	1.1	0.078	0.124		2000	1.5	0.2	0.2
日本	1973	18.4	2.94	2.18	中国	1993	24.4	3.4	2.9
	1991	2.1	0.25	0.25		2002	2.72	0.97	0.97

从表 5-2 中可以看出：尾气中 CO 含量最多，但经催化剂转化后下降幅度也最大；NO_x 还原成 N_2 的消除难度最大，虽然早期要求 NO_x 排放限制量与 C_xH_y 相近，但近年工业先进国家允许 NO_x 的排放量比 C_xH_y 要宽松些，并非其危害小，而是其消除的技术难度大。

2. 汽车尾气净化催化剂技术发展过程

由于汽车内燃机的特殊工作条件和工作状况，如突然启动、加速、停车时经常伴随着大幅度的气体流量、组成和温度变化，以及汽车行驶时的震动及较多的排气量等，要求用于移动发生源的汽车尾气净化催化剂，除具备一般废气净化催化剂的特点外，还必须具有下列性能：催化剂的性能必须适于在内燃机旁安装的各种条件（如压降小），必须适应于经常的、大幅度的气体流量、组成和温度的变化；催化剂必须具有足够的机械强度，以防由于反应器随汽车行驶的震动和催化剂忽冷忽热而破碎，使催化剂的活性降低和堵塞等；催化剂必须同时具有在高温（800～1000℃）和在低温（150～200℃）下的足够活性；催化剂的活性要高，用量要少，相应的反应器体积小、质量轻，便于安装在合适的位置；催化剂必须具有合适的孔隙结构和颗粒结构，以使尾气流过时的阻力最小；催化剂最好是三效的，即在去除尾气中的 CO 和 C_xH_y 时，也能除去 NO_x。

汽车尾气净化催化剂的研究始于 20 世纪 20 年代，美国通用汽车公司在 1927 年曾用过防毒面具使用的 Hspcalite 催化剂（60％MnO_2、40％CuO），它可使发动机排出的 CO 完全氧化成 CO_2，但由于磨损、吸潮和 SO_2 与铜、锰作用使催化剂中毒，故无实用价值。

到目前为止，汽车尾气净化催化剂主要经历了三个发展阶段。

（1）第一代氧化型催化剂 20 世纪 70 年代中期（1975～1978 年），美国 Johnson Matthey 公司生产的 Pt-Rh 氧化型催化剂，其与空气泵同时使用，鼓入空气使 CO 和 C_xH_y 在氧化气氛中被高效催化氧化成二氧化碳和水蒸气。当时的背景是强调控制 CO 与 C_xH_y 的排放水平，空气质量 A 与汽油质量 F 的比值 A/F 机械地固定在理论值 14.7 附近，不能随工矿变化而自动调节。使用氧化型催化剂可使 CO 与 C_xH_y 转化率达到 90％，但 NO_x 转化率十分低。

这一时期使用过两类催化剂：一类是以贵金属为活性组分，实际上使用的是 Pt 和 Pd，以合金形态使用 Pt/Pd 比为 70/30，贵金属负载量为 0.12％；另一类是 ABO_3 钙钛矿结构的常见金属氧化物，其中 A、B 原子主要为 Ag、Cu、Ni、Co、Fe、Cr、Mn、V 等元素。

在实际使用时，往往采用复合组分，包括贵金属与贵金属（如 Pd-Pt 或 Pd-Rh）、贵金属与非贵金属（如 $V_2O_5\cdot$CuO-Pd）或者非贵金属相互配合（如 CuO·Ag_2O·Cr_2O_3）。在使用时亦可同时使用两种催化剂，先用氧化型催化剂使 CO 和 C_xH_y 氧化成无害的二氧化碳和水蒸气，然后再用还原型催化剂使 NO_x 还原成 N_2 或分解成 N_2 和 O_2 而排出。

第一代催化剂载体是 γ-Al_2O_3 小球与陶瓷蜂窝载体并存。

（2）第二代铂铑双金属三效催化剂 20 世纪 70 年代末至 80 年代中，国外推出铂铑双金属三效催化剂（three way catalyst，简称 TWC）。在这一阶段，美国环保署提出对汽车尾气排放的 NO_x 也要控制，必须予以净化，原有针对 CO 和 C_xH_y 的氧化型催化剂已不能满足要求。

在 1978～1980 年期间，利用双床式 Pt-Rh 催化剂消除 NO_x：前段床层为还原段，将 NO_x 还原成 N_2，中间补加空气，在第二段床层进行氧化反应，使 CO 和 C_xH_y 氧化成二氧化碳和水蒸气。这样可以使还原和氧化在不同的气氛中进行。但由于转化器结构复杂，操作麻烦，NO_x 被还原后可能被再次氧化，故不久就被淘汰。

在 1980～1985 年期间，铂铑双金属三效催化剂开始应用于电子控制燃油喷射与 TWC 组成的闭环控制系统，可精确地控制 A/F 比值在 14.7 理论值附近，使尾气中残留的氧浓度能适合三效催化剂氧化-还原反应的需要，CO、C_xH_y 和 NO_x 转化率在 80％～90％以上，使用寿命 80000km，Pt-Rh 负载量为 0.1％～0.15％，Pt：Rh 为 5：1。后来又进一步要求寿命达 160000km，与汽车寿命同步，避免中途更换催化转化器。

研究表明，高温下氧气氛中活性组分铑会与表面涂层中 Al_2O_3 和 CeO_2 发生化学反应，从而影响在还原气氛下 NO_x 的还原活性；另外，铅中毒也是催化剂活性下降的原因之一。

20 世纪 80 年代初采用的 Pt-Rh 双金属三效催化剂，典型转化器汽缸容积为 2.5L，每个催化转化器平均含贵金属 3.4g，到 80 年代末至 90 年代初已开始使用 Pt-Pd-Rh 三元金属催化剂，它与 Pt-Rh 双金属催化剂并存，贵金属含量进一步下降，汽车汽缸容积为 2L，贵金属含量为 2.0g。

（3）第三代铂钯铑三元金属三效催化剂　20 世纪 80 年代中至 90 年代初（1986～1992年），国外开始使用新一代由 Pt-Pd-Rh 三元贵金属组成的三效催化剂。它相当于在一个钯催化剂上再安装一个传统的铂铑催化剂。在此结构中，钯处于内层，它具有更好的耐热性能；铑处于外层，有利于 NO_x 的还原；而铂则在钯与铑间起积极的协调作用。并且对蜂窝载体上 Al_2O_3 涂层及孔结构作了较大改进，特别是引入了 CeO_2。由于涂层中加入了 30%～40% CeO_2，使催化剂耐热达 1000℃，而且因为铈具有 +3 和 +4 两种化合价态，使之具有储存与释放氧的功能，即在尾气氧化还原气氛周期性转变中能起到氧的储存作用，在 NO_x 还原时它可吸收氧，等到 CO 和 C_xH_y 氧化时又能释放储的氧。可以说，CeO_2 在汽车尾气净化过程中能稳定 Al_2O_3 涂层与催化剂，增强催化活性，储放氧并促进 CO 与 H_2O 的变换反应。

Pt-Pd-Rh 三元催化剂可在较高的温度下操作，故能安装在更接近发动机的出口处，这有利于降低冷启动时 C_xH_y 的排放量。此外要求复配汽油改善配方，禁用含铅汽油，进一步减少汽油中砷、硫、磷的含量，从而延长了催化剂使用寿命可行驶 16 万公里，与汽车寿命同步。据 Engelhard 称，该公司的三元贵金属催化剂在行驶 16 万公里后，CO 转化率仍在85%，C_xH_y 为 90%，而 NO_x 达 95%。该催化剂于 1995 年起用于各种新车上，每个转化器容积为 1.6L，含贵金属 1.4g。

（4）第四代三效钯催化剂　由于钯比铂或铑资源丰富，价格也更便宜，钯、铂、铑的价格比约为 1∶3∶10，以钯代替铂铑显然可使尾气催化剂价格下降。

Engelhard 公司从 20 世纪 80 年代中就在某些轻型卡车上试用钯催化剂，也在小汽车上进行了试验。1993 年初 Allied Sighal 公司首先宣布已使钯催化剂工业化。

单一钯催化剂对涂层要求更高，氧化铝、稀土氧化物（CeO_2 或 La_2O_3）与过渡金属氧化物要形成一个有机的协和体共同发挥作用。纯钯催化剂只能用于无铅汽油，以防中毒，并且要求 A/F 比值控制在更为狭窄的范围内，以保证氧化与还原反应同时最佳化。

3. 汽车尾气净化催化剂发展趋势

目前，广泛使用的汽车尾气净化催化剂技术已基本成熟，它们是以贵金属为活性组分，用 Al_2O_3 和 CeO_2 等作涂层的董青蜂窝状整体式载体，可同时脱除 CO、C_xH_y 和 NO_x 的三效催化剂。

今后，汽车尾气净化催化剂的发展方向如下。

① 进一步提高三效催化剂的净化能力，以满足今后更加严格的排放法规限制，特别是要大幅度降低汽车在冷启动时的污染排放。这可通过使用电加热转化器（EHC）、燃烧加热转化器（BHC）、烃类吸收器（HCT）来达到超低排放汽车（ULEV）的标准要求。

② 进一步解决好汽车与催化剂之间的相互匹配问题，这就需要汽车生产厂家与汽车尾气净化催化剂生产厂家间的密切配合。

③ 进一步降低催化剂的生产成本，这主要是降低贵金属用量，以及用较便宜的钯或非贵金属部分或全部取代铂和铑。

第八节　聚合反应催化剂

一、概述

（1）聚合反应催化剂在石油化学工业中的地位和作用　在催化科学取得重大进展的五十

多年时间里，20 世纪 50 年代初由齐格勒（Ziegler）和纳塔（Natta）发现的聚乙烯和聚丙烯催化剂毫无疑问是其中最重要的发明之一，它从此揭开了高分子合成领域的新篇章，这两位科学家也因此而荣获诺贝尔化学奖。聚合反应催化剂在整个催化剂销售中占有相当大的份额，而且其比重在不断上升。如果再考虑由这些高活性催化剂所生产的产品的价值，那么聚合反应催化剂在整个石油化工中的重要性是不言而喻的。正因为如此，世界上著名的石油化工大公司都纷纷投入巨资进行聚合反应催化剂的研究与开发。

（2）聚合反应催化剂的定义　聚合反应催化剂虽然包括多种类型，但从聚合反应机理上讲主要是发生配位聚合反应的催化剂。配位聚合催化剂，又称为定向聚合催化剂，是以过渡金属化合物以及金属有机化合物组成的催化体系，其中绝大多数是所谓的 Ziegler-Natta 催化剂。此外，还包括近年来蓬勃兴起的单活性中心催化剂，如茂金属催化剂、后过渡金属催化剂等。自从 Ziegler-Natta 催化剂诞生以来，有关该催化剂体系的研究持续发展、方兴未艾。配位聚合催化剂的出现使得多种高分子合成材料实现了大规模工业化生产，主要的品种有低压聚乙烯、聚丙烯、乙丙橡胶、顺丁橡胶、异戊橡胶等重要的高分子品种。经过几十年的发展，聚合催化剂的活性有了很大的提高，工艺流程日益简化，生产成本和装置投资大大降低。一般来讲，由ⅠA～ⅢA族的烷基金属化合物（或氢化物）与ⅣB～Ⅷ族过渡金属化合物组成的催化剂体系称为 Ziegler-Natta 催化剂。过渡金属元素主要包括 Ti、V、Cr、Zr、Co、Ni 等；烷基金属化合物主要是烷基铝化合物、烷基硼化合物等。其中前者的化合物通常称为主催化剂，后者称为助催化剂。除此之外，在实际应用或新的高效催化剂中，为了合成某些特定的聚合物品种，通常还要加入带有孤对电子的电子供体（donor）作为第三组分。

（3）聚合反应催化剂的特点　聚合反应催化剂与一般工业催化剂如化肥催化剂、炼油催化剂、有机化工催化剂等相比，无论其反应机理、催化剂形态、催化剂制备与评价方法以及研究手段等，均有很大的不同。一般的工业催化剂如上所述主要涉及小分子的活化与转化，其产物亦大多是小分子化合物，工业过程常常以反应加分离为主，催化剂在寿命允许的情况下可以连续运转数年，评价催化剂性能的好坏主要以反应物的转化率和产品的选择性为主要指标。而聚合催化剂在反应过程中往往催化剂自身和产物融为一体，因此需要催化剂具有足够高的活性从而避免后续的分离过程，并且所得产品中存在的催化剂不影响产品的性能。评价聚合催化剂的好坏除了其活性外，主要考虑的是得到产品的力学性能、电性能、光学性能等使用性能。因此，开发聚合催化剂不仅要求对催化剂本身有深刻认识，同时要有高分子合成、高分子材料等诸多学科的相关人员的通力合作。

二、聚乙烯催化剂

聚乙烯是单体很简单、聚合物组成也很简单的一个高分子合成材料。由于聚乙烯具有优异的电绝缘性、良好的耐化学腐蚀性、很低的吸水性和突出的耐寒性，再加上原料来源丰富，价格低廉，因此在农业、轻工、化工、机械、纺织、国防、医药、交通等许多领域有着广泛的应用。聚乙烯也是塑料工业中产量最大的一个品种。

1939 年 ICI 公司首次完成年产百吨规模的高压聚乙烯工业生产装置。1954 年前后又发展了两种聚乙烯生产方法，第一种方法是 1953 年德国化学家 Ziegler 采用 $AlEt_3$-$TiCl_4$ 为催化剂使乙烯在常压下聚合生成聚乙烯；第二种方法是美国 Phillips 公司用载于氧化硅-氧化铝的氧化铬为催化剂来制备聚乙烯。这两种方法存在着较多缺点：聚乙烯催化剂收率低，一般为 2～3kg PE/(gTi)；需使用溶剂稀释；聚合物后处理操作复杂，工艺流程长；生产成本高，产品质量也差。之后，Standard Oil 公司将氧化钼载于氧化铝上作催化剂合成聚乙烯。

这些低压或中压生产的高密度聚乙烯(HDPE)所用催化剂虽然不同,但共同点是催化剂效率低。1969年比利时的Solvay公司首次推出高催化活性的齐格勒催化剂,随后德国的Hoechst公司和荷兰、意大利、美国、日本及法国等许多家公司也推出各自的高活性催化剂,其催化剂的活性可达500～600kg PE/(gTi)。催化活性提高主要依靠催化剂载体化,极大地扩大了催化剂表面积,导致有效活动中心数目的增加,链增长速率常数也增大。这类高效催化剂称为第二代催化剂。用这类催化剂使乙烯聚合,可省去聚合物中洗出催化剂的酸洗、醇洗等,革除催化剂残渣后处理工序,使聚合工艺大大简化。第三代是高活性载体催化剂。第四代是能控制载体本身物理化学性能和控制活性中心在其上分布的具有颗粒反应器性能的高活性载体催化剂,有时又称颗粒反应器技术(reactor granule technoligy)。

乙烯聚合最早用的齐格勒催化剂是三乙基铝(TEA),其制法为:氯乙烷与铝反应,生成倍半乙基氯化铝,然后再用钠还原;也可以由乙烯、氢与铝直接合成。发展到第二代载体型催化剂时,$MgCl_2$和$TiCl_4$主要有两种不同的接触、反应过程,其一是将两者(或加其他组分)共研磨的工艺,即所谓的"研磨法";其二是将$MgCl_2$制成醇合物或水合物,然后再与$TiCl_4$进行反应的工艺,即所谓的"反应法"。钛系催化剂实现载体化后,助催化剂又从$AlEt_2Cl$转回到$AlEt_3$或$Al(i\text{-}C_4H_9)_3$。

线型低密度聚乙烯(LLDPE)是近年来新开发并得到蓬勃发展的一种乙烯与烯烃共聚而成的新型聚乙烯树脂。其中UCC公司开发的钛镁催化剂Ti-Mg-THF-TEA活性高,催化性能优异,该催化剂的制备大致可分为三步:

第一步,将四氯化钛$TiCl_4$缓慢加入到氯化镁$MgCl_2$和四氢呋喃THF(给电子体donor)的混合物中,用结晶沉淀法将Ti-Mg-THF配合物分离。

第二步,加热到60℃,使Ti-Mg-THF配合物溶解在更多的THF中,加入相当于多孔硅胶载体4%～8%(质量分数)的经过干燥和预处理的三乙基铝TEA来吸收Ti-Mg-THF配合物,干燥后得到粒径等于硅胶粒径的可流动粉末,被吸收的配合物每1mol $TiCl_4$含有3mol $MgCl_2$和6.7mol的THF,催化剂成分占14%～20%。

第三步,将催化剂在异丙烷中打浆,并加入TEA,使铝/钛比为4～6,用这种方法使催化剂部分活化。部分活化的催化剂是自由流动的粉末,且不自燃(表明TEA的含量不超过10%)。粒子的直径和形状与起始的硅胶粒子相同。反应中再使附加的TEA助催化剂单独进入反应器,以使铝、钛比提高到25%～50%。

钛镁催化剂也可以用其他烷基化合物活化,还可以通过加入其他助催化剂来改变产品的性质。

三、聚丙烯催化剂

聚丙烯在聚烯烃产量中占第二位。由于聚丙烯具有密度小、价格低、加工性能好等特点,所以其发展迅速。

继Ziegler发现四氯化钛$TiCl_4$与烷基铝AlR_3形成的催化剂能够催化乙烯聚合以后,意大利的Natta又将其首次应用于催化丙烯聚合。聚丙烯催化剂与聚乙烯催化剂的主要不同在于其产品的等规度是催化剂的主要指标。最初工业化的基本催化剂体系为$TiCl_3/AlEt_2Cl$,其催化活性低,所得聚丙烯产品等规度低,产品需要脱灰及脱无规物。在20世纪60年代后期,通过加入醚类给电子体并采用研磨法使催化剂的活性提高了大约10倍,等规度也提高了7%。但催化剂的活性和产品性能仍不理想,不能省去脱灰脱无规物的工序。以上催化剂为第一代聚丙烯催化剂。

20世纪七十年代后，给电子体（Lewis 碱）的引入使催化剂的活性和立体选择性有了很大改进，由此诞生了第二代聚丙烯催化剂，其活性较第一代催化剂提高 4～5 倍。

随着对催化剂活性组分及载体性质认识的不断深入，$MgCl_2$ 载体的引入及给电子体的改进，使得催化剂的制备方法又有了较大突破，诞生了无需脱除无规物及催化剂残渣、甚至省略造粒工序的第三代聚丙烯催化剂。

此后，出现了以 Himont 公司为代表的能够控制聚合物分子结构及粒度，并能与其他单体形成无规共聚物的催化剂，被称为第四代聚丙烯催化剂，它标志着聚丙烯催化剂的日益完美。目前用于 Himont 公司 Spheripol 工艺和三井油化 Hypol 工艺的第四代聚丙烯催化剂的活性比三氯化钛催化剂提高 1000 倍，等规度达 98% 以上。

聚丙烯催化剂的发展情况及其性能见表 5-3。

表 5-3　聚丙烯催化剂的发展情况及其性能

代　别	催 化 体 系	活　性		等规度（质量分数，%）	产物形态	聚合工艺
		kg PP/（g 催化剂）	kg PP/（g Ti）			
第一代	$TiCl_3$/$AlEt_2Cl$	0.8～2	3～5	88～91	无规粉末	需要后处理
第二代	$TiCl_3$/$AlEt_2Cl$/Lewis 碱	3～5	12～20	95	规则颗粒	需要后处理
第三代	$TiCl_4$/给电子体/$MgCl_2$/$AlEt_3$	5	300	92	无规颗粒	不需要后处理
	$TiCl_4$/给电子体/$MgCl_2$/$AlEt_3$（超高活性）	15	600	98	规则粒子，大小分布可调	不需要后处理和造粒工序

思 考 题

1. 催化氧化催化剂的一般要求是什么？
2. 写出邻二甲苯氧化制苯酐的反应方程式，通常所使用催化剂的组成是什么？
3. 写出三个催化加氢的反应方程式。
4. 详细叙述骨架镍催化剂的制备过程。
5. 写出三个催化脱氢的反应方程式。
6. 理论上讲，加氢催化剂亦可选作相应的脱氢催化剂，为什么？
7. 写出甲苯歧化的反应方程式，它通常采用哪三种类型的催化剂？
8. 二甲苯临氢异构化选用 Pt 系催化剂时，能否将乙苯异构化？若可以，试写出相应的异构化机理。
9. 石油炼制催化剂主要包括哪四大类？
10. 化肥工业催化剂中，使用脱硫剂的目的是什么？脱硫剂主要有哪几类？
11. 铁锰脱硫剂主要成分是什么？为什么把它称为转化吸收型双功能脱硫剂？请写出相应的反应方程式。
12. CO 变换的目的是什么？其中温、低温、宽温变换各使用什么系列的催化剂？
13. 烟道气脱硫有哪两种方法？写出相应的反应式。
14. 写出烟道气脱氮所采用的 NH_3 选择性还原法的反应式，常使用什么催化剂？
15. 汽车尾气净化催化剂的主要性能要求是什么？其发展过程经历哪四个阶段？
16. 聚合反应催化剂有何特点？其中 Ziegler-Natta 催化剂的组成是什么？

第六章　新型催化剂的研究与应用

【学习目标】　全面了解茂金属催化剂、后过渡金属非茂催化剂、均相配合物催化剂、非晶态合金催化剂、超细颗粒催化剂、膜催化剂等新型催化剂在近年来的研究进展情况，掌握各种新型催化剂的性能特点、制备方法以及在工业中的应用情况。

第一节　茂金属催化剂

聚烯烃的金属催化剂用于生产如高密度聚乙烯（HDPE）、线型低密度聚乙烯（LL-DPE）和聚丙烯（PP），已经形成庞大的高聚物工业。绝大多数聚乙烯（PE）采用多相过渡金属催化剂生产。这些催化剂一般分成两大类：大多数商品 PP 是等规立构体，且采用基于 $TiCl_3$ 和烷基铝组合的催化剂生产；HDPE 和 LLDPE 的生产或基于钛催化剂，或基于 Cr/SiO_2 催化剂，而大多数商品 PE 采用负载于 $MgCl_2$ 上的钛基催化剂生产。

以环戊二烯基或环戊二烯基衍生物为配体的金属配合物催化剂，称为茂金属催化剂。茂金属催化剂在聚烯烃合成中的应用，掀起了继齐格勒-纳塔催化剂聚合以来的第二次革命。

一、茂金属催化剂的结构与类型

具体而言，茂金属催化剂一般由过渡金属的茂基、茚基、芴基等配合物与甲基铝氧烷（mathyl alumin oxane，MAO）组成。其中最常用的过渡金属有 Ti、Zr、Hf、V 等；而茂基、茚基、芴基等为环状不饱和结构。茂金属催化剂通常有以下三种结构（见图 6-1）：以两个环戊二烯基夹持过渡金属的烷基化合物或卤化物，其中环戊二烯基可用双茚基或双芴基取代，如图 6-1(a) 所示；桥链结构式茂

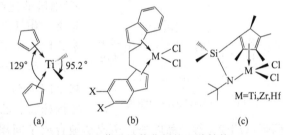

图 6-1　茂金属催化剂的三种结构

金属催化剂，用两个烷基联结两个环结构，防止环旋转，如图 6-1(b) 所示；限制几何结构式茂金属催化剂，采用一个环戊二烯基，用氨基取代另一个环戊二烯基，然后用烷基或硅烷基桥链，如图 6-1(c) 所示。

茂金属催化剂的分类如表 6-1 所示。

第一个茂金属催化剂 Cp_2TiCl_2/$AlEt_2Cl$ 在 20 世纪 50 年代中末期出现，它能使乙烯聚合，但活性很低，对丙烯聚合没有活性。此后近 20 年间，茂金属均相催化剂的开发应用停滞不前。20 世纪 80 年代初，Kaminsky 和 Sinn 等人，首次用 MAO 作助催化剂，活化 Cp_2ZrCl_2 催化乙烯聚合，活性很高，并且能催化丙烯聚合成无规聚丙烯。

MAO 是活化茂金属催化剂最有效的助催化剂，它是一种烷基铝的水解产物，在应用中代替了齐格勒-纳塔催化体系的 R_3Al，其结构为一种聚合度为 n 的低聚物，n 值一般为 5～30，随合成条件而变化。MAO 的结构可能有以下两种（见图 6-2）：

表 6-1 茂金属催化剂的分类

双茂型茂金属催化剂	非桥链茂金属催化剂： $Cp_2^{①}MCl_2(M=Ti,Zr,Hf)$ $Cp_2^{①}ZrR_2(R=Me,Ph,-CH_2Ph,-CH_2SiMe_3)$ $(Ind)_2MR(M=Zr,Hf;R=Me,Cl)$ $(Me_3SiCP)_2ZrCl_2$
	桥链立体刚性茂金属催化剂： $Et(Ind)_2ZrR_2(R=Me,Cl)$ $Et(IndH_4)_2ZrCl_2$ $Me_2Si(Ind)_2ZrCl_2$ $Me_2C[(Flu)Cp^{①}]ZrCl_2$
单茂型茂金属催化剂	CGC(限制几何构型催化剂) $(RCp^{①})_2ZrCl_2(R=H,Me,Et,Bu)$
阳离子茂金属催化剂	$(Cp^{①})_2MR(L)^+(BPh)^-(M=Zr,Hf)$ $[Et(Ind)_2ZrMe]^+[B(Ph)_4]^-$ $(Cp_2^{①}ZrMe)^+[(C_2B_9H_{11})_2M]^-(M=Co)$
负载型茂金属催化剂	$SiO_2/Et(Ind)_2ZrCl_2$ $MgCl_2/Cp_2^{①}ZrCl_2$ $Al_2O_3/Et(IndH_4)_2ZrCl_2$ $SiO_2/Cl_2Zr(Ind)_2Si$

① Cp 为环戊二烯基（cyclopentadinyl）的英文缩写。

1985 年前后，Ewen 和 Kaminsky 分别以手性立体刚性的 DL-Et[Ind]$_2$ZrCl$_2$ 和 DL-Et[Ind H$_4$]$_2$ZrCl$_2$(Ind，茚基) 经 MAO 活化，合成了高等规聚丙烯，这一重大发现，打破了只有非均相齐格勒-纳塔催化剂才能合成等规聚丙烯的格局。此后十多年来，相继出现了一系列不同结构的均相茂金属催化剂，广泛应用于烯烃及其衍生物的聚合反应中，除了生产性能优异的传统聚烯烃，如 HDPE、低密度聚乙烯（LDPE）、LLDPE、极低密度聚乙烯（VLDPE）、乙丙橡胶、乙烯或丙烯与高级 α-烯烃的共聚物及等规

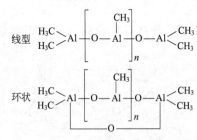

图 6-2　MAO 的两种结构

聚丙烯（i-PP）等产品以外，还成功地合成了间规聚丙烯（s-PP）、半等规聚丙烯（hemi-i-PP）、间规聚苯乙烯（i-PS）、环烯烃聚合物、双烯烃聚合物以及极性聚合物等多种具有独特结构性能的新材料，极大地拓宽了均相催化剂的应用范围和配位聚合的研究领域。

二、茂金属催化剂的特点

与传统的齐格勒-纳塔催化剂相比，茂金属催化剂的一个重要特点是：具有单一活性中心。这种单一活性中心催化剂催化烯烃聚合，产生高度均一的分子结构和组分均匀的聚合物，其相对分子质量分布比传统的齐格勒-纳塔催化剂所产生的聚合物窄得多。

茂金属催化剂的另一个重要特点是：从分子设计出发，变换茂环类型及取代基，改变茂金属的结构，调节聚合反应条件，达到控制聚合产物的各种参数（如分子量、分子量分布、共聚单体含量、侧链支化度、密度以及熔点和结晶度等），从而实现按应用要求"定制"聚合物分子结构，精确控制聚合物的各种性质。

另外，茂金属是一类金属有机配合物，通常能溶解于多种有机溶剂中，因此，这是一类均相催化剂，其活性寿命长，在空气中稳定。

三、茂金属催化剂的应用

自 20 世纪 90 年代以来，全球各大石化公司都利用单活性位催化剂（SSC）和茂金属催化技术，进一步推动了 PE 生产过程和 PE 产品的技术进步。其中，埃克森（EXXON）公司于 1991 年工业化，称为 EXXPOL 技术，生产 LLDPE 规模达 1.5 万吨/年，品名为 EXACT；1995 年兴建茂金属 PE 装置，规模为 30 万吨/年。其后，EXXON 与三井油化公司共建一套气相 PE 新工艺，实现同一反应器中可同时生产不同密度的 PE，包括 HDPE、LDPE、LLDPE，可任意控制产品的分子量分布和组成分布。DOW 公司的茂金属催化工艺称为 CG 催化剂工艺（constrained geometer catalyst technology），1992 年工业化，采用液相聚合工艺，已开发出第三代茂金属催化剂，即 Ti 金属与杂原子系列，所生产的聚烯烃的加工性能得到良好的改善。1994 年兴建 5.5 万吨/年的新装置，产品名为 Engage。Mobil 公司也开发了自己的茂金属催化技术，称为 Unipol 工艺。德国的 BASF 公司、Hoechst 公司也有自己的技术，后者建有 15 万吨/年的 PP 装置。英国的 BP 公司建有 16 万吨/年的 PP 装置。1983~1993 年，各大公司申请的茂金属催化技术专利达 700 多份。据美国工业界统计，2000 年全世界采用茂金属催化技术和 SSC 生产的 PE 达 100 万吨，其中用于食品包装的占 36%，非食品包装的占 47%，其他如医药、汽车、建筑等用品占 17%。自 20 世纪 90 年代初茂金属催化技术和 SSC 生产的 PE 实现工业化以来，全球 PE 树脂的消费量每年都翻一番。2005 年，PE 树脂的平均需求达到 25%，产量达 300 万吨/年；到 2010 年，PE 树脂的产量将达 8300 万吨/年，其中 37% 的 LDPE 和 LLDPE、20% 的 HDPE 都将采用茂金属/SSC 催化剂，mLLDPE（m 表示采用茂金属催化剂合成的）的产量为 700 万吨/年，mHDPE 的产量为 600 万吨/年，mLDPE 的产量为 400 万吨/年。世界聚烯烃发展如此迅速，新型工业催化剂的研究开发功不可没。

四、茂金属催化聚合的新材料的结构特征

根据公布的专利和文献报道，不同结构的茂金属催化剂可获得不同结构的聚烯烃产品（见表 6-2）。

表 6-2 茂金属催化聚合的聚烯烃概况

茂金属催化剂	非桥链结构式	限制几何结构式	桥链 C_2 对称手性	桥链 C_5 对称	单茂型
公司名称	EXXON	DOW	Hoechst	Fina	出光兴产株式会社
聚烯烃	LLDPE	LCBPE	i-PP	s-PP	s-PS
聚合工艺	Unipol	溶液	环管本体（采用环管反应器本体聚合的简称）	环管本体	溶液
装置规模	(20~40)万吨/年	>5 万吨/年	15 万吨/年	2 万吨/年	5 千吨/年
试车年份	1995	1993	1995	1993	1996

EXXON 公司用茂金属催化剂开发的 LLDPE 处于世界领先地位。该产品透明性好、抗冲击强度高、热封温度低、抽出物低，可用于吹塑拉伸膜、运输包装袋、改性管材等。该公司同时开发了聚乙烯塑性体，产品的韧性、弹性、柔性、流动性都很好，且具有良好的透明性。

DOW 化学公司研制的限制几何结构式茂金属催化剂，经与 MAO 或硼化物活化形成离子型活性中心后，催化乙烯与 1-辛烯共聚，获得长链支化聚乙烯（long chain branch PE，LCBPE）以及其他多种塑性体（POPS）和弹性体（POES）。这些新型树脂可替代现有的氟代 PVC、乙丙橡胶、聚醋酸乙烯酯等。在包装、耐磨、密封、薄膜、电缆、汽车配件、医

疗产品等多方面有潜在市场。该公司还用自己研制的茂金属催化技术开发了窄组分分布的聚乙烯（NCDPE），它既有 PE 的优异性能，同时加工性能也得到明显改善。

德国 Hoechst 公司开发了具有对称手性的茂金属催化剂，采用现有的环管本体聚合工艺生产 10 万吨/年的等规聚丙烯（*i*-PP）。产品具有纺丝速度快、薄膜透明性好等优点。该公司还与日本三井油化公司共同开发了环烯烃共聚新材料，商品名为 TOPAS，主要用作光盘基料，具有优异的光学性能，可替代现行的具碳酸酯材料。

第二节　后过渡金属非茂催化剂

进入 20 世纪 90 年代以来，在人们大力开发茂金属催化剂，努力推进其工业化的同时，一类新的非茂金属催化剂以下简称非茂催化剂的研究也变得越来越引人注目。

非茂金属催化剂主要有：Ni(Ⅱ) 和 Pd(Ⅱ) 的配合均相催化剂（即后过渡金属催化剂）；镧系配合催化剂；可溶性钒系催化剂；硼杂六元环和氮杂五元环均相催化剂；钛酸酯类非茂苯乙烯聚合催化剂等。其中以 Ni(Ⅱ) 和 Pd(Ⅱ) 的后过渡金属非茂催化剂最为典型。它们与茂金属催化剂一样，也是单活性中心均相催化剂，可以按照指定目的进行聚合物分子的设计和裁剪，精确地控制聚合物链的链结构。后过渡金属非茂催化剂与传统的齐格勒-纳塔催化剂及茂金属催化剂相比，其突出特点是对于宽范围内的单体均有催化聚合活性，可适用于催化含有官能团的烯烃聚合及烯烃与 CO 共聚合等。此外，采用后过渡金属非茂催化剂，可以合成新型功能性聚烯烃树脂，如乙烯/环烯烃共聚物，烯烃/极性单体共聚物、基于降冰片烯的环烯烃聚合物等。

以 Ni(Ⅱ) 和 Pd(Ⅱ) 为代表的后过渡金属非茂催化剂，是由杜邦（Du Pont）公司和北卡罗林那大学的 M. S. Brook-hart 合作开发的。1996 年，Du Pont 公司提交了一份长达五百页的新型聚烯烃催化剂技术的专利申请书，引起了广泛的关注。除 Du Pont 公司外，还有 Shell、BP、BFCoodrick 及 W. R. Grace 公司等，均在该领域开展了卓有成效的研究，其中有些已接近工业化。1996 年 Shell 公司在英国的 Carrington 开始运转了一套以后过渡金属钯基配合催化剂的聚酮装置，生产能力约为 1.5 万吨/年。这种商品名为 Carilon 聚酮已在欧美销售。

一、Ni(Ⅱ) 和 Pd(Ⅱ) 及其后过渡金属催化剂的结构与活化反应

后过渡金属催化剂最显著的特征是一类杂原子 O、N、P 等为配位原子的多齿配合物。Ni(Ⅱ) 和 Pd(Ⅱ) 一般是有机膦或有机氮（常为 α-二亚胺）的双齿配位阳离子配合物，这种配合物具有典型的平面矩形结构。对于 α-二亚胺型配合物来说，以一个巨大的 α-芳基取代的二亚胺配位而得到稳定。如图 6-3 所示。

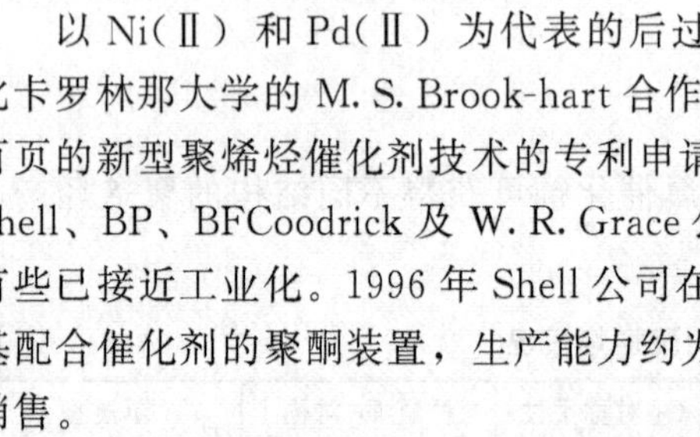

图 6-3　两种有机氮双齿配位阳
　　　　离子配合物的结构图

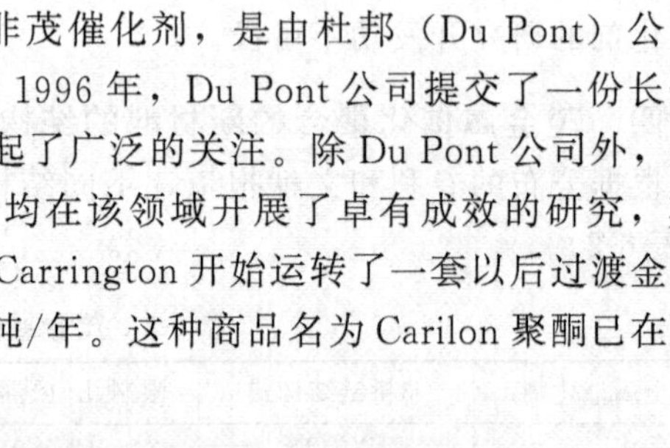

图 6-4　两种不同助催化剂的活化过程

这类催化剂可以用 MAO 或离子型硼化物作助催化剂或活化剂。通常，含有烷基结构的后过渡金属催化剂用硼化合物活化，而含有卤素结构的后过渡金属催化剂用 MAO 活化。如图 6-4 所示。

Fe(Ⅱ) 和 Co(Ⅱ) 的有机氮配合物，其配体也是平面结构，如图 6-5 所示。经 MAO 活化后，可催化烯烃聚合，尤其是 Fe(Ⅱ) 的化合物经 MAO 活化后，呈现出

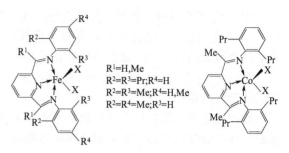

R^1=H,Me
R^2=R^3=Pr;R^4=H
R^2=R^3=Me;R^4=H,Me
R^2=R^4=Me;R^3=H

图 6-5　Fe 与 Co 的亚胺配合物结构图

超常的高催化剂活性，可与 Ti、Zr 茂金属的活性相比，甚至有更高的活性。

二、后过渡金属催化的聚合反应

后过渡金属催化剂常常带有巨大的 α-芳基二亚胺配体，有时芳基又带有如 i-Pr 取代基，这种配体具有突出的空间位阻效应。在催化烯烃聚合反应中，链转移反应被强烈抑制，从而获得高分子量的聚合物。变换催化剂的配体，改变聚合温度，可以得到从高支化度的粉末状材料到线型、半结晶高密度材料。

后过渡金属催化剂在催化乙烯与 CO 共聚合成聚酮的反应中也有应用。

乙烯与 CO 共聚，可生成线型交替共聚物，这是一种光降解性聚酮类树脂，应用于食品包装、工程塑料、地膜塑料等。由于具有良好的机械性能、耐溶剂性、无毒等性质，可以通过聚酮缩醇化反应、聚酮和伯胺反应、聚酮氧化反应、聚酮还原反应、聚酮磺化反应等，转变成三十余种功能高分子。因此，聚酮是一种具有广阔应用前景的环境友好型高分子材料。

20 世纪 50～60 年代，杜邦公司等首先用自由基引发或 γ 射线诱导引发合成烯烃与 CO 的共聚物。从 70 年代开始，以钯为代表的后过渡金属逐步发展成烯烃与 CO 共聚的优良催化剂，其他的诸如钌、铑、钯等贵金属和铁、钴、镍等均可催化烯烃与 CO 交替共聚合，但只有钯的活性最高，并可制得满足工程使用需求的高分子量的聚酮。其中，钯催化剂由醋酸钯、强酸阴离子、含磷、氮、硫等双齿配体及氧化剂组成，在温和条件下催化烯烃与 CO 共聚合。

三、后过渡金属催化剂的特点

（1）聚合活性高　后过渡金属催化剂与传统的齐格勒-纳塔催化剂或茂金属催化剂相比，具有非常高的催化活性，可达 1.1×10^7 g PE/(mol·h)。

（2）聚合能力强，聚合单体范围大　后过渡金属催化剂不仅可以催化非极性单体，而且还适于非极性单体的聚合及两类不同单体的共聚合，合成新型及特种高分子材料。

（3）双功能催化作用　在催化乙烯聚合时，还能生成 α-烯烃，并使其与乙烯共聚，生成不同支化度的聚乙烯。

第三节　均相配合物催化剂

近年来，虽然化学工业上采用的主要是多相催化剂，但均相配合物催化剂所占的比例正越来越大，特别是在石油化工和精细化工产品的制造上，均相催化过程占有十分重要的地位，均相配合物催化剂是除烯烃聚合催化剂而外的、发展前景看好的另一类工业催化剂。

均相催化的优点如下。

① 反应条件缓和，有利于节约能源，减少设备投资。

② 催化活性高，选择性好，有利于降低原料消耗，减少环境污染。特别有利于发展从源头治理污染的清洁生产过程的绿色化学技术，实现原子经济性反应。

③ 由于均相配合催化剂的分子结构确定，制备重复性好，反应机理比较清楚，因此新过程的开发周期较短。

均相催化剂的缺点是：反应物、产物、催化剂都处于同一相，而且均相配合催化剂价格较贵，反应后催化剂必须分离回收和循环使用，增加了分离回收的工艺步骤。

对于一个化工产品的生产过程而言，是采用多相催化工艺还是均相催化工艺，一方面取决于原料的反应活性，另一方面取决于催化剂的性能。从原料、能量消耗、设备投资、环境保护等因素决定取舍。

关于均相配合物催化剂的结构及应用已在第二章有一定介绍，以下主要介绍已工业化的、重要的均相催化反应所用的配合物催化剂。

一、甲醇羰基化及其催化剂

美国的 Monsanto 公司成功开发的甲醇低压羰基化法是生产醋酸的主要方法。由甲醇和一氧化碳合成醋酸的羰基化反应为最典型的原子经济反应，其原子经济性达 100%。

甲醇羰基化的热力学计算和实验测定表明 $\Delta H^{\ominus} = -137.9 \text{kJ/mol}$，$\Delta G^{\ominus} = -88.9 \text{kJ/mol}$，这意味着羰基化反应是一放热反应，在标准状态下反应平衡趋向于生成醋酸，但平衡常数随温度升高而减小，因此降低反应温度和增大反应压力有利于转化率的提高。然而，由于该反应活化能较高，必须在催化剂的参与下才能达到工业生产上可接受的反应速率，因此高活性催化剂的研究成为此项技术的关键。

甲醇羰基化法合成醋酸的实用催化剂是德国 BASF 公司的 Reppe 等人在 1941 年发现的，他们成功开发了羰基钴-碘催化剂的高压羰基化工艺过程。在反应温度 250℃、反应压力 53MPa 条件下，产物收率以甲醇计为 90%，以一氧化碳计为 70%。1968 年，Monsanto 公司的 Paulik 和 Roth 发现了羰基铑-碘化合物催化体系对甲醇羰基化合成醋酸具有更好的催化活性和选择性，而且反应条件温和，反应温度为 175~200℃，反应压力为 2.8~6.8MPa。产物收率以甲醇计为 99%，以一氧化碳计为 90%，因此设备投资费用减少，原料消耗也明显降低，具有明显的技术和经济方面的优势。

此外，较为重要的有中国科学院化学研究所（简称中科院化学所）对铑催化剂体系的改进，其所报道的聚合物配位的铑催化剂活性有一定提高，但还未用于工业生产。几种甲醇羰基化合成醋酸催化剂体系的性能比较如表 6-3 所示。

表 6-3　几种甲醇羰基化合成醋酸催化剂体系的性能比较

研发单位	BASF 公司	Monsanto 公司	中科院化学所
催化剂体系原料	钴催化剂甲醇	铑催化剂甲醇	改进的铑催化剂甲醇
反应温度/℃	210~250	175~200	140~180
反应压力/MPa	50~70	2.8~6.8	3.0~6.0
产物	醋酸/醋酸甲酯	醋酸/醋酸甲酯	醋酸/醋酸甲酯
选择性/%	>90	>90	>90
反应速率/[mol HAc/(mol Rh·h)]		1.1×10	$(1.2 \sim 6.6) \times 10^3$

近年来，甲醇羰基化合成醋酸工艺取得重大改进，已成功应用于工业生产的是 BP 化学公司推出的 Cativa 工艺过程。此过程用较廉价的铱取代铑，同时加入钌作助催化剂，使原来采用铑催化剂的工厂的生产能力提高了 20%~50%。

二、烯烃氢甲酰化及其催化剂

通过烯烃氢甲酰化反应合成醛，再进一步加氢生产醇或氧化生产羧酸，已成为均相催化在工业生产中应用的最大领域之一。这是一个原子经济性达 100% 的化学反应，其化学反应式如下：

$$RCH{=}CH_2 + CO + H_2 \longrightarrow RCH_2CH_2CHO + RCH(CH_3)CHO(R{=}H 或烷基、芳基)$$

$$(6-1)$$

这类反应的催化剂的研究和开发，经历了几个发展阶段。其中，丙烯氢甲酰化催化剂的研究为典型代表，在工业生产中应用的四种丙烯氢甲酰化催化剂的性能对比如表 6-4 所示。

表 6-4　丙烯氢甲酰化中四种催化剂的性能对比

性　　能	催　化　剂			
	$Co_2(CO)_8$	$HCo(CO)_3(PBu_3)$	$HRh(CO)(PPh_3)_3$	$HRh(CO)(TPPTS)_3$
反应温度/℃	140～180	160～200	80～120	80
反应压力/MPa	20～35	5～10	1.5～2.5	4
金属用量(金属/丙烯)/(%,质量分数)	0.1～1.0	0.5～1.0	$10^{-2}\sim10^{-3}$	约 10^{-3}
醛(正构/异构)	3～4	6～8	10～14	>24
产物分布/%				
醛	约 80	约 10	约 96	约 96
醇	约 10	约 80	—	1.8
烷烃	约 1	约 5	约 2	0.6
其他	约 9	约 5	约 2	约 1

按本反应生产的世界最大的装置建在德国，由 Hoechst 和 BASF 生产，占世界产量的 50%，其核心工业装置按此知名的氢甲酰化合成工艺生产，用钴和铑催化剂。原用的催化剂为膦化物改性的 $[Co_2(CO)_8]$，1976 年从美国联碳公司引进铑催化剂，例如 $[HRh(CO)(PPh_3)_3]$(Ph=苯基)。这种催化体系在较低温度和压力下，有较高的选择性。在其他同类装置中，也有使用膦化物改性钴催化剂的，例如 $[HCo(CO)_3(PR)_3]$。

德国的该催化过程有以下优点：

① 铑系催化剂的活性较钴系催化剂高 1000 倍。

② 大大过量的 PPh_3，可以获得较高的醛选择性，以及线型的正构醛和异构醛之比 (n/i)。

③ PPh_3 的存在，明显增加了催化剂的稳定性和寿命。催化剂挥发性低，可从反应器产物中蒸馏回收，铑损失有限（$<1\times10^{-6}$）。

④ 反应物的有效提纯，避免了催化剂的中毒，并延长了催化剂的寿命。

可见，德国装置使用的铑催化剂，已在几个方面较好地解决了均相配合催化工业化中的几大常见难题。这对其他同类催化剂的设计开发，是极有益的启发。

然而，目前本法的铑催化剂价格仍然较高，在催化剂回收和设备腐蚀方面存在一些问题。因此，进一步的研究仍在不断地展开，以期开发出一种非均相的铑催化剂。但由于这种催化剂稳定性较差，研究工作至今仍受到一些阻碍。

新近的一种突破在于使用"两相技术"，已商业化。该技术使用一种新的水溶性铑配合物，同时使用一种新的膦化物 TPPTS 作配体，TPPTS 的结构如图 6-6 所示。这种膦化物的苯环上增加了若干个极性的—SO_3Na 取代基。

目前，该"两相技术"已由 Hoechst 公司的一家 30 万吨/年的生产厂，使用水/有机物两相体系成功地生产丁醛，其产物选择性高（正构醛和异构醛之比大于 95/5），而且催化剂的分离及回收均较简单。相应的"两相技术"生产过程的流程示意如图 6-7 所示。

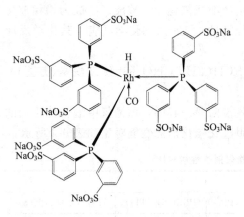

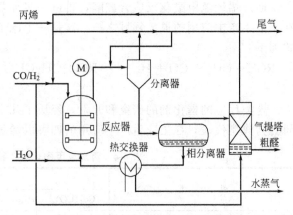

图 6-6 一种新的水溶性铑配合物催化剂
中配体 TPPTS 的结构

图 6-7 丙烯氢甲酰化的"两相技术"
生产过程的流程示意图

在这种两相过程中,催化反应发生在催化剂水相之外,反应后经相分离后,易于回收。这一特点,对于未来的工业均相配合物催化反应具有重要的示范作用。

三、不对称加氢——Monsanto L-多巴过程及其催化剂

不对称加氢属于充满希望的另一尖端化学领域——均相立体选择催化。

很多生物分子都有生成对映体的立体几何结构的性质,称为手性或者光学活性。而手性生物对映体中,往往只有其中一种才具有生物功能。但据计算,一个复杂的有机物原料分子,如果其中含有七个手性碳原子,而由它合成的产物又是机会均等时,则将会有 $2^7 = 128$ 种立体异构产物生成。然而,其中却有 127 种产物并没有生物功能,甚至更坏的是,其中某些异构体还会有副作用。这就要求在手性中心上合成出理想结构和理想几何形状的产品。显然,这对药物合成特别重要,当然同时也特别困难。

均相立体催化的发展,涉及面很广,包括加氢、脱氢、氧化、脱卤、脱烷基、环化、歧化等各方面。现举一加氢方面的实例。

众所周知,Rh 膦配合物主要是作为有旋光性(不对称)加氢的催化剂。其中,研究最充分且已有工业价值的是两种:[RhCl(PPh₃)₃](Wilkinson 催化剂)和[HRh(CO)(PPh₃)₃]。

Wilkinson 催化剂的膦配合物,对烯烃反应物非常敏感。已被用于实验室规模的有机合成以及精细化学品的生产方面。

目前,均相不对称催化加氢的最出色应用,在于 Monsanto 的合成 L-多巴过程。L-多巴,即 L-二羟基苯丙氨酸,它是一种手性氨基酸,用于帕金森氏症(parkinson's disease)的治疗。

为了合成这种在对映选择反应方面有化学活性的产品,类似于 Wilkinson 催化剂而又有光学活性的许多膦配合物被开发出来。要求烯烃的加氢必须是前手性的(prochiral),也就是说,催化剂本身必须具有一种配合到金属中心上并形成理想的手性结构的不对称立体选择性。

在这种 Monsanto 过程中,乙酰氨基肉桂酸衍生物 A 被不对称加氢,得 L-多巴的一种左旋前体 B(3,4-二羟基苯基丙胺衍生物),如下所示:

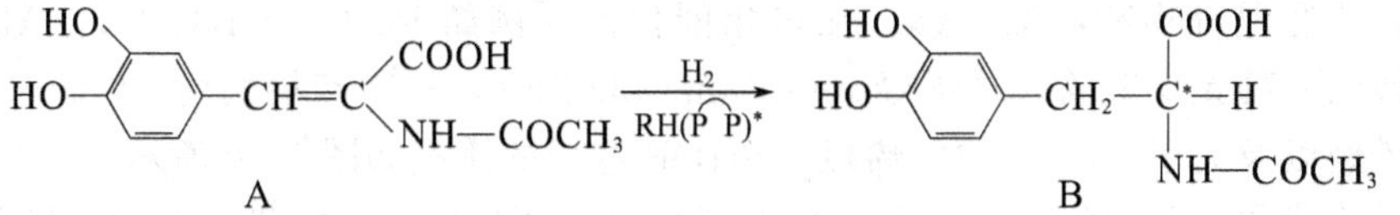

$$\text{(6-2)}$$

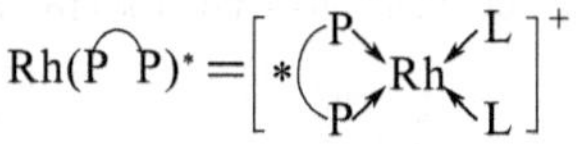

$$Rh(\overset{*}{P}\ P)^* = \left[\overset{*}{\underset{P}{\overset{P}{\bigcirc}}} Rh \overset{L}{\underset{L}{\diagdown}} \right]^+$$

之后，L-多巴则是由式(6-2)形成的左旋前体 B，移去氮原子外的乙酰保护基（protecting group）后形成的。L-多巴可有对映的左旋和右旋两种立体结构，分别由膦的左旋、右旋螯合配体催化剂作用生成。两种对映 L-多巴及其对应配合物催化剂的结构如图 6-8 所示。

左右对映的铑膦配合物催化剂，通常有不同的热力学和动力学稳定性，并且在合适的条件下，其中一种铑膦配合物催化剂可以通过立体选择，引起对映产物的生成。改变催化剂中不同的膦配体，可最终导致所需手性催化剂的形成。

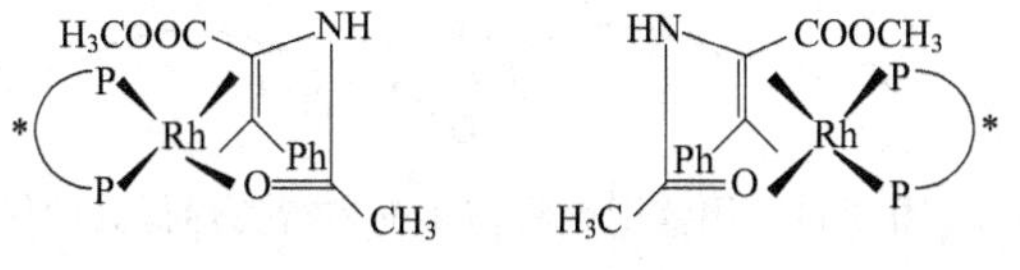

图 6-8　两种对映 L-多巴及其对应配合物催化剂

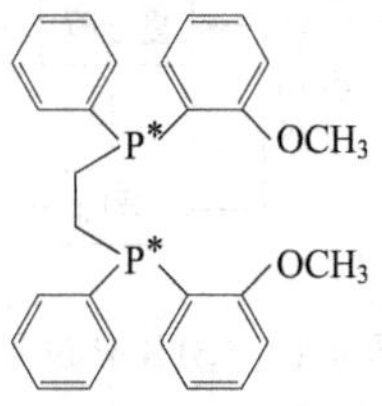

图 6-9　一种生产左旋 L-多巴的膦配体（DIPAMP）

如图 6-9 所示的膦配体（DIPAMP），可使式(6-2)中的原料 A 发生不对称加氢反应，最终达到左旋光学氨基酸超过 96%（左旋：右旋为 98∶2）。这种左旋对映体，才会具有治疗帕金森氏症的药性。

这种生产 L-多巴的不对称加氢，是利用配体改性进行铑膦配合物催化剂剪裁的一个极好例证。

四、SHOP 法乙烯低聚及其催化剂

在洗涤剂、增塑剂和润滑剂生产中，大量使用长链 α-烯烃作为原料。目前，这些 α-烯烃产品主要由乙烯低聚生产，如：

$$n CH_2 = H_2 \longrightarrow CH_3CH_2 \!\!\!\left(\!CH_2CH_2\!\right)_{\!\!n-2} \!\!\!CH = CH_2 \qquad \text{(6-3)}$$

许多基于 Co、Ti 和 Ni 的过渡金属均相配合催化剂，被用作这些反应的催化剂。用镍催化的 Shell 公司高级烯烃生产过程（SHOP 法），有巨大的工业价值。

乙烯低聚时，按统计分布的方式转化成 α-烯烃。转化中，优先生成较低烯烃（所谓 Schuz-Flory 分布）。此反应在 $80 \sim 120\,^\circ\!C$ 及 $7 \sim 14\,MPa$，并有膦配体（如 Ph_2PCH_2COOK）的镍催化剂存在下进行。产品混合物用蒸馏的方法分离成 $C_{4\sim10}$、$C_{12\sim18}$ 及 C_{20} 以上馏分。

$C_{12\sim18}$ 馏分含有洗涤剂工业所需长链 α-烯烃。分馏塔顶和底部的其他更短或更长的烯烃，送双键异构化和复分解联合处理。异构化得到一种按统计分布的内烯烃混合物。这种混合物的复分解，则得到一种来自 $C_{10\sim14}$ 内烯烃的、新的烯烃混合物。从这种新的混合物中，能分离出 $C_{10\sim14}$ 烯烃的混合物，如：

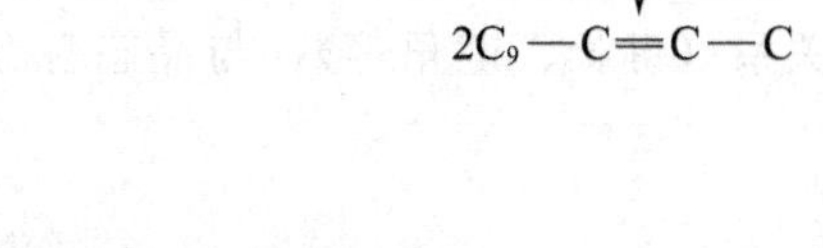

$$C_{18} - C = C \xrightarrow{\text{异构化}} C_9 - C \underset{\vdots}{=} C - C_9$$

$$C - C - C = C \xrightarrow{\text{异构化}} C - C \underset{\vdots}{=} C - C \qquad \text{(6-4)}$$

$$\xrightarrow[\text{催化剂}]{\text{复分解}}$$

$$2C_9 - C = C - C$$

若将内烯烃混合物和乙烯一起，在多相催化剂［例如 $Re_2O_7/Sn(CH_3)_4/Al_2O_3$］上裂解，则可得到一种无支链的末端烯烃（terminal olefins），其所产烯烃含 94％～97％的无支链的末端烯烃以及大于 99.5％的单烯烃。SHOP 过程的流程如图 6-10 所示。

上述异构化与复分解的联合工艺，加上蒸馏和循环的操作，提供了获得所需要的碳数分布的一种独特的技术。

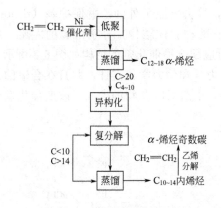

图 6-10　SHOP 过程的流程图

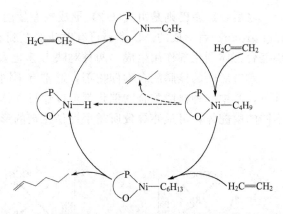

图 6-11　用镍配合物催化剂进行乙烯低聚的简化机理

特殊配合物催化剂的机理研究显示，带有 P-O 螯合基团的镍的氢化物，是催化活性物种，此金属氧化物和乙烯反应，得到烷基镍中间物，中间物进一步被乙烯插入或消去而增长，成为对应的 α-烯烃。该乙烯低聚的简化机理如图 6-11 所示。

SHOP 过程首次于 1979 年在美国付诸生产，并达到 60 万吨/年的能力。本法的主要优点在于有调节 α-烯烃产品以满足市场需求的能力。

乙烯和辛烯产品，可与乙烯共聚，得到高抗拉强度的聚乙烯，用于包装材料。癸烯生产高温发动机油。最高级的烯烃用于转化成表面活性剂。

第四节　非晶态合金催化剂

非晶态合金通常是指熔体金属经快速冷却而得到的金属合金。它的结构独特，不同于晶态金属，其原子排列呈所谓短程有序、长程无序状态，类似于普通玻璃的结构，因而又被称为金属玻璃。从热力学上看，非晶态合金属于不稳定或亚稳定状态，具有一般合金所不具备的特性，如高强度、耐腐蚀性、超导电性等优异性质。从 20 世纪 70 年代以来，非晶态合金材料的研究已取得重大突破，并广泛应用于国民经济的多个方面。

非晶态合金用作催化剂具有很多特殊的性质，导致其优良的催化性能。它可以在很大的组成范围内改变合金的组成，从而连续控制其电子性质；催化活性中心可以单一的形式均匀地分布于化学均匀环境之中；非晶态结构是非多孔性的，传统非均相催化剂存在的扩散阻力问题不影响非晶态合金催化剂。因此，已引起各国催化学界的广泛关注，但目前大都仍处于实验室研究阶段。

一、非晶态合金的特性

（1）短程有序　一般认为非晶态合金的微观结构中，短程有序区在 1nm 范围内，即在非晶态合金中最邻近原子间距离与晶态差别很小，配位数也几乎相同。在短程有序区内原子的排列及原子间的相互作用关系（键长、键角等），与晶态合金的长程有序相似。这种短程有序结构的原子簇性对催化作用具有重要意义。

（2）长程无序　随着原子间距离的增加，原子间的相关性迅速减弱，超过若干原子间距离时原子间便不再显示出相关性，其相互关系接近于完全无序的状态，即非晶态是一种没有三维空间的原子排列周期性的材料。因此，从结晶学观点看，非晶态合晶不存在通常晶态合金中所存在的晶界、位错和偏析等缺陷。从这一点看，非晶态合金是很均匀的；但另一方面，由于非晶态合金不存在长程有序的结构，又可以认为其结构是极端有缺陷的。

（3）高表面自由能　非晶态合金的长程无序、短程有序结构使其表面自由能较晶态合金的高，因而处于热力学不稳定或亚稳定状态。在适当条件下，非晶态结构可以完成晶化过程而变成晶态结构。

总之，非晶态合金中原子排列长程无序、短程有序使其成为具有均匀结构和高度缺陷的矛盾统一体。因此，非晶态合金显示出一系列非同寻常的物理化学性质，预示了它在催化作用方面可能会具有某些不同的特性。

二、非晶态合金催化剂的制备

一般情况下，熔融的合金冷却到特定的温度后，开始结晶并伴随体系自由能的降低及热量的释放，形成原子有序排列的晶体结构。但若用特殊方法使冷却速率足够快（$>10^6$ K/s），某些合金便有可能快速越过结晶温度而迅速凝结，形成非晶态结构。除冷却速率外，影响合金形成非晶态结构的因素还有很多，如合金效应，尺寸效应和构型熵等。

（1）非晶态合金制备方法

① 由气相直接凝聚成非晶态合金。如真空蒸发、溅射和化学气相沉积等。蒸发和溅射可以达到很高的冷却速率（$>10^8$ K/s），许多用液体急冷法无法实现非晶化的材料（如纯金属、半导体等）可以采用这两种方法。但在这两种方法中，非晶态材料的生长速率很低，一般只能用来制备薄膜。

② 结晶体经过辐射、离子注入和冲击波等方法制备成非晶态材料。用离子注入的方法，由于注入离子有一定射程，因只能得到一薄层非晶态材料；用激光或电子束辐射晶体合金表面，可使表层局部熔化，并以 $4 \times 10^4 \sim 5 \times 10^6$ K/s 的速率冷却，得到约 $400 \mu m$ 厚的非晶态合金层。

③ 由液态合金经快速冷却制备非晶态材料。这是目前制备非晶态合金的主要方法。液体急冷的方法很多，但基本原理都相似。将晶体合金放在一石英管中，在惰性气体保护下用高频感应电炉使合金熔融，控制入口处惰性气体的压力，将合金液体由石英管下端小孔挤出并喷射到高速转动的金属辊上。合金液体接触到金属辊时迅速冷却，由于离心作用而被从切线方向甩出，从而形成非晶态合金带。若将熔融液体直接连续地流入冷却介质中（蒸馏水或食盐水等），可以制成非晶态合金丝。此外，若用超声气流将熔融合金液体吹成小滴而雾化，可以制成非晶态合金粉。利用非晶态合金粉末的活性可以制成催化剂或储氢材料。由于液体急冷法制成的非晶态薄膜的厚度和宽度均较小，限制了在工程上的应用。

④ 固态反应法。熔体骤冷法固然可以制备较大尺寸的非晶态合金，然而其凝固技术形成非晶态材料在很大程度上受到热量传输和异质晶核排除的限制，而且非晶态合金形成的区间有限。为克服这些缺点，最近人们采用固态反应法成功地制得一系列非晶态合金，主要包括以下三种方法。

a. 机械合金化。机械合金化是将 $40 \mu m$ 大小的纯金属粉末按所要求的比例均匀混合，装入圆柱钢筒，在氩气保护下用 $\phi 10mm$ 的高能碳化钨球或钢球进行碾磨，可制得非晶粉末。

b. 机械碾磨法（MG）。此法是将金属间化合物粉末进行碾磨。这种方法制备的非晶合金是粉末状，比表面积较大，适宜直接作为催化剂使用。

c. 机械变形法（MD）。此法是先制备多晶体试样，再对试样进行反复机械变形（如挤压、拉伸等），最后在高真空中等温退火。这种方法不仅可以制备非晶薄带或细丝，而且还可以获得具有三维大尺寸的非晶态合金。

（2）负载型非晶态合金催化剂制备方法　由骤冷法制备的非晶态合金由于其比表面积小和热稳定性差，因此工业化应用的可能性不大。采用化学还原法可制备超细粒子的非晶态合金，虽然可有效提高催化活性和选择性，但由于其热稳定性差，催化剂成本高且与产物分离困难，故工业化应用难度大。为此开发负载型非晶态合金催化剂，不仅降低了催化剂成本，而且大大改善了催化性能（特别是热稳定性），为非晶态合金催化剂的工业化应用提供了一条有效途径。

① 负载型 M-P 非晶态合金催化剂。将载体在含金属盐和 NaH_2PO_2 的镀液中进行化学镀，可制备 Ni-P、Co-P、Ni-Co-P、Ru-P、Ni-W-P 及 Ni-Pd-P 等二元和三元甚至多元负载型非晶态合金催化剂。

② 负载型 M-B 非晶态合金催化剂。将载体用金属盐溶液浸渍，然后滴加硼氢化钾溶液还原，可制备 Ni-B、Co-B、Fe-B、Ru-B、Pd-B、Ni-M-B(M＝Co、Mo、W、Fe、Ru、Cu、Pd) 等二元和三元甚至多元负载型非晶态合金催化剂。

三、镍基非晶态合金加氢催化剂与磁稳定床反应器的研究开发

（1）实验室研究　初步探索研究，认识到非晶态合金作为实用催化剂必须解决热稳定性差和比表面积小的难题。通过向非晶态合金中加入少量原子半径大的组元，使非晶态合金的晶化温度提高 160℃，达到 520℃；在含镍非晶态合金中加入铝形成镍铝非晶态合金，然后以碱溶解抽提出铝，使比表面积达到 $100m^2/g$ 以上。在 5L 反应器中，证实非晶态合金加氢催化剂（SRNA）在各种不饱和官能团加氢反应中的活性是骨架镍催化剂加氢活性的 0.5～3 倍。

（2）中试研究　非晶态合金制造的成品率低、生产成本高、制备过程中副产物偏铝酸钠污染环境，是非晶态合金催化剂工业放大生产所必须解决的难题。为此建立了 30t/a 非晶态合金生产示范装置，主要解决熔融态合金堵塞喷嘴并与坩埚反应降低产品收率，以及偏铝酸钠综合利用等难题。经过反复摸索，设计了特殊的喷嘴和选用适宜的坩埚材质，使非晶态合金生产的成品率由 20% 左右提高到 93% 以上。开发出独特的后处理和活化技术，通过提高非晶度来进一步增加其催化加氢活性。利用副产物偏铝酸钠，合成 NaY 分子筛，形成了整体的清洁生产过程。

（3）应用研究与工业应用　在 100L 反应器中，考察了 SRNA-2 加氢催化剂制备的几种药物中间体的反应性能，并与骨架镍催化剂进行对比，证明 SRNA-2 催化剂的加氢活性是骨架镍催化剂的 1～3 倍，可以减少催化剂消耗量 30%～70%（见表 6-5）。

表 6-5　催化剂对几种药物中间体的加氢效果

反应物	溶剂	反应条件		催化剂单耗/(g/kg)	
		温度/℃	压力/MPa	SRNA-2	骨架镍
间苯二酚	$NaOH/H_2O$	<50	9	50	100
2,5-二甲氧基二氢呋喃	$NaOH/H_2O$	30	1	25	70
氟嗪酸	H_2O	80	4	300	500
硝基卡因胺	C_2H_5OH	30～50	7	90	200
苯乙腈	—	80～120	8	70	100

SRNA 系列催化剂已成功地用于己内酰胺加氢精制和苯甲酸加氢过程部分替代 Pd/C 催化剂。详细情况请参阅有关文献。

（4）非晶态合金催化剂与磁稳定床反应器　镍系非晶态合金催化剂具有磁性，同时在较低温度下具有良好的加氢性能，正好满足埃克森公司作为导向性基础研究而开展多年的新型磁稳定流化床对固体催化剂的要求。磁稳定床是磁场流化床的特殊形式，它是在轴向、不随时间变化的空间均匀磁场下形成的、只有微弱运动的稳定床层。通过对气-固系统磁稳定床的研究，人们发现磁稳定床兼有固定床和流化床的许多优点。它可以像流化床那样使用小颗粒固体而不至于造成过高的压力降；外加磁场的作用有效地控制了相间返混；均匀的空隙度又使床层内部不易出现沟流；细小颗粒的可流动性使得装卸固体非常便利；使用磁稳定床不仅可以避免流化床操作中经常出现的固体颗粒流失现象，也可以避免固定床中可能出现的局部热点；同时磁稳定床可以在较宽范围内稳定操作，还可以破碎气泡改善相间传质。总之，磁稳定床是不同领域知识（磁体流动力学与反应工程）结合形成新思想的典范，是一种新型的、具有创造性的床层形式。然而，由于磁稳定床要求有空间均匀的磁场，流化颗粒具有良好的磁性，同时系统必须在较低温度下操作，因此，虽经过多年的努力，但磁稳定床反应器还未在化学工业和石油加工领域实现工业化。为了结合磁稳定床和非晶态合金催化剂的优点，首先在小型冷模装置中，以铁粉为固相研究了液-固两相和气-液-固三相磁稳定床的流动特性和操作规律，得到了有利于相间传质的操作状态和稳定操作区间。结果表明，由细铁粉形成的液-固两相和气-液-固三相磁稳定床可以在流速较宽的范围内稳定操作。该磁稳定床有三种操作状态：散粒状态、链式状态和磁聚状态，其中对反应有利的状态是链式状态。进一步开展了提高非晶态合金催化剂磁性的研究，制备出了铁磁性好、低温加氢活性高、热稳定性好的 SRNA 催化剂，这种催化剂在较低的外加磁场作用下便可形成磁稳定床。

外加磁场是磁稳定床的关键，均匀磁场放大是磁稳定床工业化研究的重要内容，但文献中未见有关均匀磁场放大的报道。孟祥坤等设计了四种不同尺寸的线圈（ϕ55mm、ϕ300mm、ϕ500mm、ϕ770mm），研究了磁场轴向、径向分布规律，考察了各种参数对磁场的影响，得到磁场设计的数学模型。尽管前人对液-固两相磁稳定床流体力学特性已经有了一些定性的认识，但由于颗粒磁性、粒度的差异及壁面效应的影响，对液-固两相磁稳定床流体力学特性定量规律的认识还不够。并且人们对气-液-固三相磁稳定床的认识还非常少。为了给磁稳定床反应器的操作提供知识基础，孟祥坤等建立了线圈内径 300mm、床层内径 140mm 的磁稳定床中试冷模装置，对以工业用 SRNA-4 催化剂为固相的液-固和气-液-固磁稳定床的流体力学特性进行了研究。实验测定出四种不同粒度（$30\sim70\mu m$，$70\sim125\mu m$，$125\sim180\mu m$，$180\sim400\mu m$）的 SRNA-4 催化剂颗粒与水形成的液-固磁稳定床相图。得到了计算最小流化速度、带出速度、床层相含率、散粒与链式状态间的临界磁场强度以及链式和磁聚状态间的临界磁场强度的数学模型。20kt/a 磁稳定床加氢示范装置已用于己内酰胺氧化精制过程。其最佳操作条件是：反应温度 $60\sim90℃$，反应压力 $0.4\sim0.8MPa$，液体空速 $30\sim50h^{-1}$，磁场强度 $15\sim25kA/m$。3500h 寿命试验结果表明，己内酰胺均达到优级品，生产效率比釜式加氢过程提高了 4 倍，催化剂消耗减少 50%。

第五节　超细颗粒催化剂

一、超细颗粒的特性

超细颗粒的尺度介于原子、分子与微粉、块状物体之间，它属于微观粒子与宏观物体交界的过渡区域。普遍的观点认为其粒径大小在 1～100nm 之间，也有将亚微米级的颗粒归入超细颗粒之列，这样超细颗粒的尺度就拓宽为 1～1000nm 量级。

超细颗粒也称为超微颗粒、超细粉末、超微粒子、纳米颗粒和纳米粉末等。

物质从宏观尺寸向微观尺寸过渡时，在一定条件下，颗粒尺寸的量变会引起其物理、化学性能的质变。超细颗粒性能的特异性可以归因于以下四种效应。

(1) 小尺寸效应　当物质的体积减小时，将会出现两种情形：一种是物质本身的性质不发生变化，而只有那些与体积（尺寸）密切相关的性质发生变化，如半导体电子自由程变小，磁体的磁区变小等；另一种是物质本身的性质也发生了变化。宏观物体的物性是无数个原子或分子组成的集体的属性，而超细颗粒中的物性由有限个原子或分子结合的集体的属性所确定。例如超细金属颗粒的电子结构与大块金属迥然相异。在大块金属中，无数金属原子的价电子集中起来构成了连续的能带结构；而在金属超细颗粒中，电子数量有限，一般在 10^3～10^5 个，形成分立的能级。一般粒径小于 10nm 的金属超细颗粒，在低温下应能观察到这种能级分立现象。

当超细颗粒的尺寸与光波的波长、传导电子的德布罗意波长以及超导态的相干长度或投射深度等特征尺寸相当或更小时，周期性的边界条件将被破坏，声、光、电磁、热力学等特征均会呈现小尺寸效应。如金属超细化后熔点将大幅度降低，2nm 的金颗粒熔点为 327℃，而块状金的熔点为 1064℃。超细银粉的熔点可降低到 100℃。

(2) 量子尺寸效应　块状金属的电子能谱为准连续能带，而当颗粒中所含的原子数随尺寸减小而降低时，费米能级附近的电子能级将由准连续能带转变为分立能级。能级的平均间距与颗粒中自由电子的总数成反比。当分立能级的间距与热能、磁能、静电能、光子能量或超导态的凝聚能相匹配时，就必须考虑量子效应。例如颗粒的催化性质、磁化率和比热容等与其所含电子的奇、偶数有关，光谱线频移现象的产生等都可用量子尺寸效应来解释。

(3) 宏观量子隧道效应　微观粒子具有贯穿势垒的能力，称为隧道效应。近年来，人们发现一些宏观量如超细颗粒的磁化强度和量子相干器件中的磁通量具有隧道效应，称为宏观量子隧道效应，利用它可以解释超细镍颗粒在低温下连续保持超顺磁性的现象。

(4) 表面效应（界面效应）　随着颗粒尺寸的变小，比表面积将反比例于颗粒直径而显著增大，表面原子数占总原子数的比例将迅速增高。当超细颗粒的粒径为 10nm 时，表面原子的比例约占到 50%。固体表面原子与内部所处的环境不同，庞大的比表面积使表面键态严重失配，表面台阶和粗糙度增加，出现了许多表面活性中心，使得超细颗粒具有很强的化学活性。随着颗粒的超细化，颗粒的表面张力增加，表面能增大，从而对颗粒粉末的烧结和扩散过程产生很大的影响。

二、超细颗粒的化学性质

超细颗粒特殊的表面效应和体积效应决定了其具有特殊的化学性质。

(1) 吸附性质　超细颗粒表面原子的比例很高，表面原子的键合不饱和度很大，因而具有很强的化学吸附能力。

(2) 化学反应性　超细颗粒的表面能很高，化学不饱和度很高，表现出很强的化学反应性。如新制备的金属超细颗粒接触空气时，会发生剧烈的氧化反应或燃烧。

(3) 催化性质　超细化使比表面积增大，使表面活性中心增多，表面活性增强。超细颗粒由晶粒或非晶态物质组成，由于其小尺寸和表面效应，其界面也是无规则分布，超细颗粒中的界面原子排列既不同于长程有序的晶体，也不同于长程无序、短程有序的非晶态（玻璃态）固体结构，而是具有类气态的结构特征。因此，一些研究人员把纳米材料称为晶态或非晶态之外的"第三态固体材料"。超细颗粒界面类气体性质，使得气体通过超细材料的扩散速率比通过相应的块体材料高约 3 个数量级，因此超细颗粒催化剂具有高活性和高选择性。半导体超细颗粒作为光催化剂具有很高的光催化效率，近年来也备受关注。

三、超细颗粒的制备

制备超细颗粒的方法大致可以分为两大类：一类是以原子、离子或分子等微观粒子为起点，经由成核和生长等过程聚集成超细颗粒；另一类是将宏观物质借助于机械力等使其超细化而制成超细颗粒。按照制备超细颗粒时原料的状态可以分为固相法、液相法和气相法。按制备超细颗粒过程中发生的作用可分为物理法、化学法和物理化学法等。

根据超细颗粒产品的应用目的不同，对超细颗粒的性能有不同的要求，除一般的对材料的组成、纯度、晶型结构等性能有要求外，对粒径及其分布、粒子的形貌、比表面积以及在介质中的分散性和流动性等也有特别的要求。

（1）机械粉碎法　超微机械粉碎是在传统的机械粉碎技术的基础上发展起来的。固体物料的粉碎过程，实际上是在机械力的作用下不断使固体块料或颗粒发生变形进而破裂的过程。一般包括压碎、剪碎、冲击粉碎和磨碎等过程，实际上一个机械粉碎过程是上述过程的一个组合。如球磨机和振动磨是磨碎和冲击粉碎的组合，气流磨是冲击、磨碎与剪碎的组合。

理论上，固体的机械粉碎所能达到的最小粒径为 10～50nm，然而目前的机械粉碎设备与工艺却很难达到这一理论值。例如采用回转磨粉碎，可制备粒度为 $0.2\mu m$ 的 Al_2O_3 超细颗粒。

常用的机械粉碎设备有球磨机、振动球磨机、振动磨、搅拌磨、胶体磨、行星磨、行星振动磨、超细气流粉碎机等。这些粉碎设备的设计都是围绕作用于物料的力的频度、强度以及能量集中度等方面进行的。机械粉碎法目前一般只能达到 $0.5\mu m$ 的细度要求，严格地讲，这还不属于超细颗粒的范畴（1～100nm），并且器壁和介质的磨损易沾污产品，影响产品的纯度。但机械粉碎法在设备和工艺上较为成熟，是生产超细颗粒中应用较为普遍的方法，因为很多用其他方法生产的超细颗粒前驱物一般还需经机械粉碎以达到宏观上的细微化和团聚体的解聚。

（2）物理方法　把蒸发-冷凝、冷冻干燥、喷雾干燥以及超临界流体等一般只涉及物理过程的制备超细颗粒的方法归入物理方法。

① 蒸发-冷凝法。通过适当的热源使可凝性物质在高温下蒸发，然后在一定的气氛中或在冷的基材上（衬底上）骤冷从而形成超细颗粒，这是最早发展起来的金属超细颗粒的制备技术。获得高温状态的加热源从最初的炉源加热发展到了电弧加热、电子束加热、等离子体加热和激光束加热等。由于颗粒的形成是在很高的温度梯度下完成的，因此得到的颗粒尺寸很小（可小于 10nm），而且颗粒的团聚、凝聚等形态特征可以得到良好的控制。在这些新的高效的高温加热源应用后，成功地制备了 MgO、Al_2O_3、ZnO 和 Y_2O_3 等高熔点超细颗粒。如果在合成装置中引入一些反应性气体，使其在高温下与蒸发的金属蒸气发生化学反应可以合成金属-氮（如 TiN、AlN）及金属-硼、金属-磷类超细颗粒。

金属蒸发-冷凝法合成技术也可用于制备高分散的负载型零价金属催化剂，被负载的金属粒径一般在几纳米左右，显示出优良的催化活性和选择性。利用此方法已制备了 Ni/Al_2O_3、Ni/SiO_2、Pd/Al_2O_3、Ag/Al_2O_3、Ni/MgO、Fe/Al_2O_3 和 Co/Al_2O_3 等多种负载型金属催化剂。

② 冷冻干燥法。就是先使欲干燥的溶液以雾化的微小液滴喷雾冷冻固化，然后在低温低压下真空干燥，将溶剂升华除去，得到超细颗粒。一般情况下，还需进行进一步的热处理最终制成氧化物、复合氧化物和金属超细粉末。

冷冻干燥法的关键是选择合适的溶剂、适当温度的冷源和收集升华出来的溶剂的方法，以保证升华的连续进行。冷冻温度和升华速度必然会影响产物的形貌、粒度大小及粒度分布。

冷冻干燥法适宜于制备要求各组分分布均匀的多组分超细颗粒和前驱体溶液黏度较高、表面张力较大的体系，如溶胶-凝胶法制得的凝胶的干燥，高分子超细颗粒的制备等。

③ 喷雾热分解法。该法是在冷冻干燥法的基础上将喷雾干燥和热分解结合在一起的超细颗粒制备方法。通过选择和配置适当的前驱体溶液和喷雾干燥条件可制得薄壳空心状、实心球状等各种确定组成和形状的超细颗粒。

用上述冷冻干燥法和喷雾热分解法制备了诸如 $LaMnO_3$、$CuO \cdot Cr_2O_3$、$CoO \cdot Fe_2O_3$、$MnO \cdot Fe_2O_3$ 和 $BaTiO_3$ 等多种复合氧化物超细颗粒催化剂。

④ 超临界流体法。利用超临界流体独特的溶解能力和传质特性可以制备粒度分布窄的超细颗粒。超临界流体法又有超临界抽提法和超临界流体溶液快速膨胀法（RESS）。

超临界抽提法制备超细颗粒是把溶剂在其超临界温度以上除去，在超临界温度以上，溶液形成的流体不存在气-液界面，所以在溶剂的除去过程中表面张力或毛细管作用力已被消除，这样可制得多孔的、高比表面积的金属氧化物或混合金属氧化物。一般的制备步骤有：第一，利用醇盐可溶解在醇或苯中的性质先制成溶液，然后计量加水水解制得溶胶或凝胶；第二，把制好的胶移入高压釜中，密封、升温，使其溶剂醇或苯达到超临界条件，在此温度放出溶剂与抽提出来的水；第三，用惰性气体吹净表面残留的溶剂。

超临界流体溶液快速膨胀法利用超临界流体独特的溶解能力，将固体溶解在超临界条件的溶剂中，通过细而短的喷嘴把流体喷入低温低压的场合，由于超临界流体的迅速膨胀，溶解能力迅速降低，使溶质沉析生成一般为无定形的、粒径均匀的超细颗粒。用超临界流体法制备的 SiO_2 的比表面积可达 $1000m^2/g$，Al_2O_3 的比表面积可达 $700m^2/g$。

（3）化学方法　超细颗粒的化学合成方法又可根据化学反应进行时所处的相态不同主要分为气相法和液相法。如气相法有气相分解法、气相合成法、气固相反应法和化学气相沉积（CVD）法等。液相法有沉淀法、共沉淀法、均匀沉淀法、水解沉淀法、水热合成法、溶胶-凝胶法和微乳液法等。以上罗列的超细颗粒的化学合成方法与常规的催化剂合成方法原理上基本相同，只是在如何控制颗粒大小方面在合成工艺上有一些特殊性。相关的化学方法在第三章已有类似的介绍，此处不再详细叙述。读者也可阅读其他相关的书籍。

（4）超细颗粒制备中的共性问题　通常谈到的超细颗粒的粒径是指一次粒子的大小，即原生粒子的粒径。由于超细颗粒的表面能很大，是热力学的不稳定状态，故超细颗粒易凝聚或聚结在一起，形成大小不等的团聚体。根据超细粒子间团聚力的大小将团聚体分为软团聚体和硬团聚体，软团聚体是指团聚力较弱能经一般的粉碎或分散技术解聚的超细颗粒。不易解聚的团聚体为硬团聚体。

由大部分方法（尤其是液相法）合成的超细颗粒经热处理后都呈块状，因此一般均需经过机械粉碎等方法解聚。

与传统的粉末材料合成方法相比，液相法合成超细颗粒时，由于颗粒非常微细，将超细颗粒从母液中分离非常困难。除了强化各种传统的过滤、离心分离等液-固分离技术外，目前还没有很好的解决办法。一个解决问题的途径是在合成超细颗粒时，主观地让颗粒形成软团聚的团聚体，使颗粒的洗涤、液-固分离过程易于进行，然后再用机械粉碎的办法解聚。

由液相法合成的超细颗粒前驱体（如沉淀物）一般还需经过烘干和焙烧使其转变成所需的化学组成和晶体结构状态。超细颗粒在热处理时极易形成硬团聚体甚至发生烧结。除了在焙烧方法和工艺方面加以改进外，一般是在合成超细颗粒母体时对其表面进行改进，降低其表面能，从而阻止热处理过程中的粒子长大和烧结。超细颗粒的表面改性也是改善其在不同介质中的分散性和流变性等性能的关键步骤。

在用机械法和气相法合成超细颗粒时，基本上都要涉及超细颗粒的捕集和分级过程。实验中通常采用的捕集方法有重力沉积、液相捕集、场（电磁场或磁场）捕集、热沉积以及膜式捕集等方式。

重力沉积依靠颗粒自身的重力进行沉积，对超细颗粒而言，在收集室内飘浮不定，很难在短时间内完成有效的沉积而捕集。液相捕集是将分散有超细颗粒的气体吹入到液体中，再经液-固分离，收集超细颗粒。场捕集是利用静电场或稳恒电场来实现超细颗粒捕集的一种有效方法，由于超细颗粒表面原子数占总原子数比例很大，表面悬挂键增多，相应的电荷数量及载荷能力也增大。为场捕集提供了可能。热沉积捕集是利用超细颗粒在存有温度梯度的空间中通常向低温方向移动并在"最冷"处析出的特点而进行捕集的。膜式捕集是利用超滤薄膜实现对超细颗粒的捕集，通常说的滤袋收集就是膜式捕集。为避免过滤膜很快被堵塞，可采用定期反吹技术和振动膜式捕集技术。

在超细颗粒制备中所涉及的分级技术，一般是针对颗粒粒径而进行的分级，通俗地讲，就是将粉末按粒径大小分成不同的收集区域。按分级原理可分为重力分级、惯性分级和离心力分级等，常用的旋风分离分级技术实际上是上述几种分级作用的组合。

四、超细颗粒催化剂

多相催化的有效场所是固体催化剂的表面。超细颗粒中表面原子占总原子数的比例很高，表面化学键高度不饱和，加上表面丰富的阶梯和台阶缺陷，提供了数目巨大的催化活性中心。当由超细颗粒成型为块体材料时，超细颗粒间形成类气态的界面，物质（如反应底物）在该界面间（内孔）的传质速率很快。超细颗粒所有这些性质自然激起了催化工作者的极大兴趣。

事实上，用传统的浸渍法有时也能制得活性组分为超细尺寸的高分散性的负载型催化剂。早在 20 世纪初，Svedberg 就制成铂等金属胶体状超细颗粒作为催化剂。但对超细颗粒的催化特性进行广泛的研究还是近二十年的事情。

（1）金属超细颗粒催化剂　金属催化剂的性能在很大程度上取决于活性组分的分散性，金属粒子的超细化过程与其高分散化过程是并行的，因此金属超细颗粒催化剂研究得最早和最为活跃。

利用气相沉积法，制得粒径 20nm、比表面积 $37m^2/g$ 的 α-Fe 超细颗粒，用作一氧化碳液相加氢催化剂。与沉淀铁（比表面积为 $12m^2/g$）催化剂比较，超细铁的催化活性约为普通沉淀铁催化剂的 2.8 倍。

对于环辛二烯加氢合成环辛烯的反应，关键在于抑制深度加氢反应生成环辛烷。当使用粒径为 30nm 的超细 Ni 作为催化剂时，选择性为 210，而普通 Ni 催化剂的选择性为 24。

图 6-12 显示了苯加氢反应中，使用 Ni/SiO_2 催化剂，其反应活性与 Ni 粒径的关系。Ni 粒径在 2nm 以上，Ni 粒子的催化活性与大块晶体相同；而 1～2nm 间的超细 Ni 颗粒显示出

极高的催化活性；粒径小于 1nm 时，催化活性降低的主要原因可能是极端超细化后，Ni 原子与载体的电子相互作用，失去了金属性的缘故。

把 $Ni/SiO_2-Al_2O_3$ 置于氢气流中，改变焙烧条件，制成不同 Ni 粒径的负载型催化剂。图 6-13 是乙烷加氢分解反应的活性与 Ni 粒径的关系。当粒径小于 5nm 时，催化活性急剧增大。

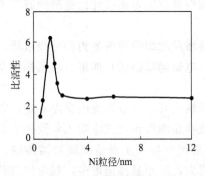
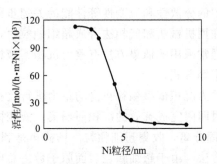

图 6-12　Ni 粒径与苯加氢反应活性的关系　　图 6-13　Ni 粒径与乙烷加氢分解反应活性的关系

超细铁粉可在苯气相热分解中起成核的作用，使之选择性地生成碳纤维。

（2）氧化物超细颗粒催化剂　对于反应 $CO + H_2 \longrightarrow CH_3OH$，采用粒径为 25nm 的超细 Cu-Zn-O 作为催化剂和液相悬浮反应条件，由于抑制了 C_2、C_3 和 C_4 等产物的生成，使选择性比普通催化剂提高了约 8.6 倍。

常规的 NiO/Al_2O_3 与负载型的 NiO 都是烯烃完全氧化的催化剂。而超细 NiO/Al_2O_3 催化剂则对烯烃部分氧化具有 100％ 的选择性。例如超细 NiO/Al_2O_3 催化剂可将异丁烯 100％ 地氧化为丙酮和甲基丙烯醛。

在利用 NiO 把烯烃、烷基芳烃和烷烃转变为胺的反应中，当在氨和氧气的存在下（氨氧化过程），含有 Sb、Sn 或 Mo、Bi 氧化物的常规催化剂，对于烷烃和芳烃是惰性的。但如果使用超细颗粒 NiO/Al_2O_3 或 $NiO/Al_2O_3-SiO_2$ 作催化剂时，对烷烃和芳烃可达 80％ 的生成胺的选择性。

Fe_2O_3 是 F-T 合成催化剂。当 Fe_2O_3 负载在超细 Al_2O_3 或 SiO_2 上作催化剂时，其 F-T 合成的活性比常规催化剂高 2～3 个数量级，而且不易失活。这是由于 Fe_2O_3 与载体表面相互作用形成 $\gamma-Fe_3O_4$，使其具有很好的稳定性，导致还原性铁失活的主要原因是形成石墨碳与碳化铁的现象被抑制了。例如，具有比表面积 $800m^2/g$ 的超细 Fe_2O_3/Al_2O_3，产率为每克催化剂每小时 1kg 烷烃，而常规的还原性铁（其比表面积为 $10m^2/g$）在相同条件下，产率为每克催化剂每小时 1g 烷烃。

丙醛的加氢反应按下列两种途径进行：$CH_3CH_2CHO + H_2 \longrightarrow CH_3CH_2CH_2OH$ 和 $CH_3CH_2CHO \longrightarrow C_2H_6 + CO$，催化剂以 SiO_2、TiO_2 和 ZrO_2 为载体，镍、铑为活性组分。当使用超细 SiO_2（粒径 2～3nm）为载体，与常规载体比较，醇/一氧化碳比提高了 5 倍以上。

超细的 Fe、Ni 与 $\gamma-Fe_2O_3$ 混合轻烧结体可以代替贵金属作为汽车尾气净化催化剂。

（3）光催化剂　半导体氧化物或硫化物是目前研究最多的光催化剂。当能量大于半导体禁带宽度的光辐照在光催化剂上时，光催化剂的价带电子吸收光子的能量跃迁到导带，从而在半导体的价带和导带分别产生了光生空穴和电子。这些光生载流子如果能在复合前迁移到光催化剂的表面并被捕获生成反应活性物种如羟基自由基·OH、O_2^-、H_2O_2 和活泼 H 等，则可引发各种氧化还原反应。

由于纳米级超细颗粒光催化剂对光的吸收效率非常高、生成的载流子迁移至表面的路径较短不易复合以及量子尺寸效应等优势，因而高效的光催化剂都是纳米级超细颗粒。

由四氯化钛蒸气在氢氧燃烧焰中水解反应合成的平均粒径为 40nm 的 P25 TiO_2 光催化剂，对甲苯气相氧化为二氧化碳和水的活性比粒径为 300nm 相同组成的 TiO_2 催化剂高 280 倍。

超细颗粒催化剂的研究方兴未艾。近来，对金属的氮化物、硼化物和磷化物超细颗粒催化剂有较多的研究报道。由于超细颗粒的高化学活性和表面能，使得其在反应体系中的稳定性有待提高。超细颗粒催化剂的高成本和低稳定性，限制了它的大规模工业应用；超细颗粒催化剂的高活性和高选择性又展现了诱人的应用前景，超细颗粒催化剂将首先在高附加值的精细化工产品的合成中获得工业应用。

第六节　膜 催 化 剂

一、膜催化剂的特点和分类

膜催化（membrace catalysis）是膜科学和膜材料应用研究的前沿领域之一，近年来受到广泛的关注。

最早从事膜催化剂研究并且取得成功应用的是前苏联学者 B. M. Грянов。他研制出一种致密的薄壁金属钯膜，成功地应用于选择性加氢精制，以满足合成香料、制药和化学试剂等工艺的特定要求。膜催化的主要特点是选择性高、活性强，能将多步过程变成单步过程的反应共轭效应等。利用膜作为化学活性基质进行选择性的化学转化是极新的概念，激发人们应用该技术于更多的化工过程。作为催化剂的膜结构，有致密型的、多孔型的、微孔型的、超微孔型的，材质上有金属膜、陶瓷膜、玻璃膜、炭膜、分子筛膜等。表 6-6 列出了膜催化剂的主要类型。对于高温（>200℃）气相多相催化反应，操作温度已超过有机高聚物膜热稳定性区，故应用无机膜作为催化剂和载体材料是唯一的选择。无机膜催化剂具有热稳定性高、机械性能好、结构较稳定、抗化学腐蚀及微生物腐蚀、再生简易等优点，十分适用于催化应用。

表 6-6　膜催化剂的主要类型

分类方法	按材质划分	按结构性状划分	按外形划分	分类方法	按材质划分	按结构性状划分	按外形划分
膜催化剂	无机膜 金属膜 合金膜 陶瓷膜 玻璃膜	致密型 多孔型 微孔型 超微孔型 渗透型	管状 中空管状 薄板状 其他形状	膜催化剂	分子筛膜 炭膜 有机离子膜 （包括生物膜） 复合膜	功能型	

膜催化反应可以有多种不同的操作模式。根据操作模式的不同，膜可以具有不同的功能。一种操作模式是将膜催化反应与膜的渗透选择性偶合在一起，借助膜实施催化反应，同时又将产物（或产物之一）通过膜选择性地从反应区移去。膜本身既是催化活性的，具有催化剂的功能，又具有选择性分离壁垒的功能。这种操作模式对于受热力学平衡控制的反应，

如脱氢反应特别有利。通过分离出产物促使化学平衡移动，能完成较高的单程转化率，简化产物的回收提存步骤，降低能耗，节省投资。膜催化的另一种操作模式：膜是催化惰性的，可以将催化活性组分浸渍负载或者埋藏于膜内，膜仅具有选择性分离壁垒的功能。对于多步连串反应，这种操作模式可能有利。因为这里往往是中间产物而不是最终产物为目的产物，若无膜控制，反应的选择性可能在热力学上乃至动力学上都有利于副产物的生成，尽管反应物的转化率可能很高，但目的产物的收率仍很低，如若膜能选择性地将目的产物从反应区分离出去，就能提高其选择性与收率。膜催化的第三种操作模式也是利用膜的选择性透过功能，膜可以是惰性的，也可以是催化活性的。对于选择性氧化，这种操作是一种有效的方法。通过膜控制活性反应物（如 O_2）的进料速率，以促进目的产物选择性地生成。膜催化的第四种操作模式是将两种相互匹配的反应，例如加氢与脱氢偶合协同进行。选用渗透氢的膜将反应体系分成两部分，膜的一侧进行催化脱氢，膜的另一侧进行催化加氢，脱氢部分由于氢的不断移去使化学平衡不断移动，提高产率；加氢部分由于催化剂表层下有大量氢活化物种使加氢反应快速进行。随着膜催化应用研究范围的不断扩大和深化，膜催化的操作模式还会有新的发展。例如，用 TiO_2 陶瓷膜负载于硬质玻璃上促进光催化反应的进行；将膜催化与三相反应模型结合起来进行有效的精细有机合成；采用双膜反应器强化反应的转化率和产物的相互分离等。

二、膜催化剂的制备

无机膜按结构可以区分成致密膜和多孔膜两大类。典型的致密膜是由金属及其合金制成的，如 Pd 膜、Pd 合金膜、Ag 膜、Ag 合金膜等；也有由固体电解质制成的，如 ZrO_2 膜。它们是无孔的。气体的渗透是通过溶解扩散或者离子（原子）传递进行的，如 Pd 膜及 Pd 合金膜只能透过氢，ZrO_2 膜只能透过氧（O^{2-} 传递）。

多孔膜根据孔结构可以进一步区分成对称的和非对称的，前者整块膜显均匀孔径，如玻璃膜、分子筛膜；后者孔结构随膜层变化，一般由多层结构构成，即顶层（微孔）、过渡层（中孔、多层）、底层或称基层膜（大孔），如陶瓷膜、Al_2O_3 膜、TiO_2 膜等。有时顶层为致密层，这种膜称为复合膜。

不同结构类型膜的制备方法是不同的。

(1) Pd 膜及 Pd 合金膜催化剂的制备 在实验条件下有多种方法制备这种类型的膜，包括传统的冷轧法、物理气相沉积法（PVD）、化学气相沉积法（CVD）、化学镀法等。采用哪种方法主要取决于厚度要求（一般小于数十个微米）、表面积大小、几何形状和纯度等。

化学镀（electroless plating）法工艺较简便，可以制得只透氢的致密钯及钯合金膜。其技术原理是基于介稳的钯盐配合物在基质材料（陶瓷膜管）表面受控自催化分解或还原。常用的钯盐配合物为 $Pd(NH_3)_4(NO_3)_2$、$Pd(NH_3)_4Br_2$ 或者 $Pd(NH_3)_4Cl_2$ 等。还原剂可以用联氨或次磷酸钠等。

化学镀法制备钯膜（或钯合金膜）的工艺过程如图 6-14 所示。

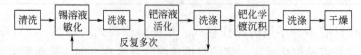

图 6-14 化学镀法制备钯膜（或钯合金膜）的工艺过程

其中，敏化溶液和活化溶液见表 6-7，化学镀溶液见表 6-8。

表 6-7　敏化溶液和活化溶液（室温）

溶液名称	溶液组成	浓度	溶液名称	溶液组成	浓度
氯化锡溶液	$SnCl_2 \cdot 2H_2O$	1g/L	钯盐配合物溶液	$Pd(NH_3)_4(NO_3)_2$	0.168g/L
	HCl(37%)	1mL/L		HCl(37%)	1mL/L

表 6-8　化学镀溶液（60℃，pH 值为 10.4）

溶液组成	浓度	溶液组成	浓度
$Pd(NH_3)_4(NO_3)_2$	4.35g/L	$NH_3(28\%)$	198mL/L
$Na_2EDTA \cdot 2H_2O$	40.1g/L	$N_2H_4(1mol/L)$	5.6mL/L

钯的化学沉积按下列两个同步反应进行：

阳极反应：　　　　　$N_2H_4 + 4OH^- \longrightarrow N_2 + 4H_2O + 4e^-$

阴极反应：　　　　　$2Pd^{2+} + 4e^- \longrightarrow 2Pd^0$

自催化反应：　　$2Pd^{2+} + N_2H_4 + 4OH^- \longrightarrow 2Pd^0 + N_2 + 4H_2O$

这种反应组合的优点是沉积的钯可以催化联氨氧化，因而引起自催化过程。但一般的微孔陶瓷、多孔玻璃乃至不锈钢都不够活泼，不足以引起这种还原反应。为了缩短沉积起始诱导期，需要将钯预活化。采用表 6-7 所列的 Sn^{2+} 溶液和 Pd^{2+} 溶液交替进行敏化和活化操作，可得到有效的活化基质。因为钯的成核是按下式相互作用进行的：$Sn^{2+} + Pd^{2+} \longrightarrow Sn^{2+} + Pd^0$。

为使化学镀速度保持恒定，每间隔一定时间应交换一次镀液，最后用脱离子水和乙醇清洗已镀好的膜件，并在室温下于真空中干燥。用这种化学镀法可以制得厚度为 $13 \sim 15\mu m$ 的致密 Pd 膜，它具有非常高的渗氢选择性。采用此法同样可以制备 Pd 合金膜、Ag 膜等，只需调配相应的镀液。

该法实施时仍应注意：膜厚度不易控制，镀液在溶液池内分解导致钯的流失，要保证钯沉积的纯度等。

（2）多孔 Al_2O_3 膜载体（或催化剂）的制备　多孔无机膜（包括 Al_2O_3 膜）的制备方法主要有粉浆浇铸法、溶胶-凝胶法、相分离/浸溶法、阳极氧化法、径迹刻蚀法、热分解法。此处主要介绍溶胶-凝胶法。

溶胶-凝胶法根据起始原料和得到溶胶方法的不同，可以分为两种主要技术途径，即胶体凝胶法（金属盐或醇盐）和聚合凝胶法（醇盐）。两种情况都是先借前体（也称起始物）进行水解，同时发生凝聚或聚合反应。主要控制参数是水解速率和缩聚速率。在胶体凝胶法中，采用可以快速水解的前体并使之与过量的水反应以获得较快的速率，水解产物与加入的电解质（酸或碱）进行胶溶形成溶胶。其尺寸一般为 $3 \sim 15nm$，其中少数形成尺寸为 $5 \sim 1000nm$ 的松弛结合的团聚物。通过技术处理，如超声波技术或控制溶胶颗粒的表面电势 Zeta 电位，悬浮溶胶转变成一种凝胶结构，它由胶粒或团聚物链接而成。凝胶化的聚集密度取决于微粒的表面电荷，这意味着介质的 pH 值和电解质的性质对胶凝点和胶凝量有着非常重要的影响。

在聚合凝胶法中，通过不断加入少量水调节水解速率，选用前体的水解速率相对较慢，以保持低的水解速率。水解进行过程中带羟基的金属醇化物相互缩合，形成有机-无机缩聚物溶胶，继续缩聚形成凝胶网络。反应所需水由以下几种方式提供：第一种是自体系中慢慢加水或醇盐溶液；第二种是加入有机酸，利用酯化反应原位生成水；第三种是加入水合盐。聚合溶胶法较难控制，应用少，多数研究采用胶体凝胶法制取溶胶。

以金属醇盐（如异丙醇铝）为原料，用溶胶-凝胶法制备 Al_2O_3 膜的工艺流程如图 6-15 所示。将去离子水加热到所需温度（>80℃），恒温后再将异丙醇铝的醇溶液加入其中，回流状态下搅拌水解，形成一水氧化铝沉淀。然后再加入胶溶剂（硝酸或盐酸），继续搅拌回流，使一水氧化铝重新分散形成溶胶。接着蒸醇，需适当提高温度，待蒸醇脱除异丙醇完毕后，再在 80℃ 下搅拌回流陈化，即可得到稳定的一水氧化铝溶胶。陈化时间足够充分是获得均匀、单一粒径分布溶胶的重要保证。

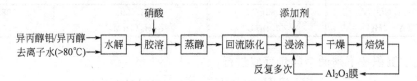

图 6-15 溶胶-凝胶法制备 Al_2O_3 膜的工艺流程图

采用的支撑体用一水氧化铝溶胶浸涂之前，最好先加入某些有机黏合剂，如 CMC、PVA，以调节胶液黏度，防止在干燥、焙烧时形成针孔和裂缝。浸涂时胶液在支撑微孔入口处浓集，当溶胶浓度增至一定程度时，溶胶即转变成凝胶。一次浸涂难于达到无裂缝要求，经反复多次，再经干燥、焙烧处理，最终制得所需要的 Al_2O_3 膜。

（3）分子筛膜的制备　近年来，分子筛膜的制备研究比较活跃，因为这种膜具有分子尺寸的孔径，有极高的渗透选择性，可以将同分异构体气相分离，例如正丁烷与异构丁烷混合物的分离等。就合成的方法来说，主要分为原位合成法和非原位合成法。后者是先采用水热合成分子筛散晶，然后再将这些散晶沉积或者埋藏于支撑体上。例如，将分子筛晶粒填充到高分子聚合薄膜中去制成无机-有机分子筛填充膜等。这种非原位合成方法还有多种，共同存在的问题是难于得到只存在分子筛孔道而没有晶隙孔缺陷的膜。只有原位水热合成法得到较为普通的采用。MFI 分子筛原位合成的 MISC(multi in situ crystallization) 工艺流程如图 6-16 所示。

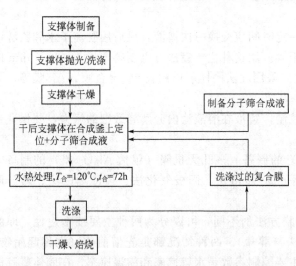

图 6-16 MFI 分子筛原位合成的 MISC 工艺流程图

常用支撑体有 α-Al_2O_3、聚四氟乙烯、不锈钢、Vycor 玻璃等。此处选用厚度为 1.9～2.1mm 的 α-Al_2O_3 片，其直径 39mm，孔径 135～165nm，孔隙率 44%～48%。用前，α-Al_2O_3 片两面经抛光，再经超声波振荡洗涤 3 次，在 400℃ 进行干燥以便分子筛合成液在其上原位水热合成。分子筛的合成方法与传统方法相同。但有一个重要的因素是合成与支撑体的接触方法，即所谓上表面接触法和下表面接触法，对于管状支撑有内管壁与外管壁之分。目前采用原位水热合成的分子筛膜有 ZSM-5、A 型、SAPO-5 型分子筛膜等。其中研究最多的是全硅沸石-Ⅰ型分子筛膜。为了克服合成分子筛晶体生长取向的不易控制，以便得到更完善的分子筛膜，最近又发展了二次生长的膜制备法。

（4）致密的钙钛矿型（perovskite-type）氧化物膜的制备　钙钛矿型氧化物（如 Sr-Fe-

Co 氧化物）具有很高的导电能力，也有很高的氧离子传导能力，是一种混合导体。这种导体材料有良好的高温结构稳定性，在 700℃ 以上高温下对氧有 100％ 的选择性和高的渗透性，可用于燃料电池、电催化、气体氧膜分离等方面，受到广泛关注。这种致密的导体膜用于甲烷部分氧化制合成气、甲烷氧化偶联（OCM）制 C_2 烃有以下的优点：一是用空气作氧化剂消除了产物中氮气的污染稀释；二是产物的选择性极高；三是避免了高温下 NO_x 的生成，消除了环境污染；四是由于氧采取扩散控制供给，保证了操作安全，这种研究将会产生显著的工业应用价值。

钙钛矿材料的制备选用试剂级的 La、Sr、Ba、Co 和 Fe 的硝酸盐，用去离子水溶解，组成体系 $La_{1-x}A_xCo_{0.2}Fe_{0.8}O_{3-\delta}$（此处 A＝Sr 时，$x=0.4$，$0.6$；当 A＝Ba 时，$x=0.8$），取甘氨酸作燃料和配合剂，整个溶液按正离子计为 1mol。再煮沸蒸去过量水，直到加热至黏稠液着火并维持自燃，以得到钙钛矿产物（从 $4 \times 10^{-5} m^3$ 前驱液产生 0.02mol 产物）。然后将粉状产物在空气中焙烧（850℃）12h，并压制成片（直径 17mm，厚 2～3.5mm），先用 55MPa 单轴压，继之用 138MPa 静压，最后置于二硅化钼高温炉（1200℃）中焙烧 2h，调节升温、降温速度为 5K/min，以保证产品的单相和致密性。

也可以采用标准的固态反应法制成粉状的 $SrFeCo_{0.5}O_x$ 材料。起始原料用 $SrCO_3 \cdot Co(NO_3)_2 \cdot 6H_2O$ 和 Fe_2O_3，按设定的计量组成称取相应的原料，随之混合，在异丙醇介质中用锆石碾磨 15h，干燥后在 850℃ 空气中焙烧 6h，反复碾磨、焙烧、碾磨直到平均粒度达 $7\mu m$ 左右。最后得到的粉状料在 120MPa 下压缩成直径 21.5mm、厚度 3mm 的片状物，经两面抛光后测试透氧率待用。

三、膜催化反应和膜反应器

膜催化剂或者催化剂与膜组合的催化体系进行的反应，主要有两大类：一类是脱氢反应，另一类是氧化反应。因为脱氢反应是受热力学平衡制约的反应，早期研究的较多，主要是希望通过膜（主要是渗透氢膜）的功能，促进平衡移动，提高目的产物的选择性和收率。就研究的反应体系来说，以乙苯脱氢制苯乙烯研究的较详细、成熟。先后采用了 Pd 膜、Pd-Ag 合金膜催化反应体系，γ-Al_2O_3 微孔陶瓷膜加 Cr-K/Fe_2O_3 脱氢催化剂体系以及双陶瓷复合膜管催化体系等。苯乙烯选择性达到 90％ 以上。建立了乙苯膜催化脱氢（制苯乙烯）反应的综合数学模型，有实现工业化的可能。其次研究较多的体系为低分子饱和烷烃的膜催化脱氢制烯烃，进行过尝试研究的有乙烷脱氢制乙烯，丙烷脱氢制丙烯，乙烷丙烷脱氢芳构化，正（异）丁烷脱氢制正（异）丁烯等。研究的膜催化剂或者催化剂结合膜反应器有 Pd 及其合金膜、微孔陶瓷膜、中孔玻璃膜和致密 ZrO_2 膜等。这种体系的探索有两方面的意义：一是石油化工的战略发展路线之一是从烯烃原料过渡到烷烃原料，因为后者便宜；另一个是脱氢反应要高温、耗能，采用膜催化有可能降低反应温度，节约能源。从综合研究的结果来看，要将膜催化过程推向工业化尚需要克服几个壁垒：首先是现行的 Pd 膜作为工业反应器成本太高，要有更便宜的、高选择性的膜反应器；其次，反应中采用的流速较工业生产用的仍太小，需要有高通量的膜材料，陶瓷复合的 Pd 膜可以进一步发展；最后，对膜催化反应过程的收率、选择性和活性需要更精细的动力学模型研究，还需要偶合效应和传递特性的宏观动力学分析，还应进行相关的膜失活动力学模拟分析等。

氨和硫化氢的膜催化分解文献中常有研究报道。这两个反应虽然不是脱氢，但其分解释放出氢，也受反应的热力学平衡制约，与上述的脱氢反应有共性。燃煤发电能源工程中，煤的汽化中含有微量氨和硫化氢等腐蚀性杂质，在将燃气带入透平机燃烧之前必须要将这些杂质气体除去，既免除 NO_x 的生成，又防止设备的腐蚀。然而动力系统中的高温远高于传统气体吸收、吸附等分离工艺所能承受的条件，且用传统的固定床催化反应器也不能将氨分解。如果采用膜催化和高温的气体分离操作有可能解决问题，这就是这类膜分解反应研究的背景。

膜催化氧化反应是另一类与传统催化反应不同的领域。这里无机膜的使用是控制某一种反应物（包括氧）透过膜的速率和计量，以达到调控反应的进程、选择性和收率。膜催化特别适合于研究选择性氧化反应。就反应体系来说，研究较多的是甲烷（天然气）膜催化氧化制合成气、甲烷膜催化氧化制甲醇、甲烷膜催化氧化偶联制乙烯等。这些研究与天然气资源的开发利用，与清洁能源和环境友好等重大战略问题都密切相关。作为战略性的研究当然到实现工业化还有很长的路要走，有待于继续努力。

膜催化往往是与膜反应器联系在一起，有时两者连成一体，不可区分；有时是将催化反应与膜分离偶合在一起，组成一个过程单元。常用的膜反应器类型如表 6-9 所示。

表 6-9　膜反应器的类型

类型符号	描　述	类型符号	描　述
CMR	catalytic membrace reactor	PBCMR	packed-bed catalytic membrace reactor
CNMR	catalytic non-permselective membrace reactor	FBMR	fluidized-bed membrace reactor
PBMR	packed-bed membrace reactor	FBCMR	fluidized-bed catalytic membrace reactor

膜催化反应器结构构型多种多样，具体的设计详见有关文献。

思 考 题

1. 茂金属催化剂有何优点？试简述茂金属催化剂的研究与应用情况。
2. 试简述后过渡金属非茂催化剂的研究与应用情况。
3. 均相催化有何优点？试举例说明均相配合物催化剂的研究与应用情况。
4. 试简述非晶态合金催化剂的研究与应用情况。
5. 超细颗粒有何催化性质？超细颗粒有哪些制备方法？
6. 膜催化剂有何特点？试举例说明膜催化剂的制备方法。

参 考 文 献

［1］ 赵骧主编. 催化剂. 北京：中国物资出版社，2001.

［2］ 钱伯章，王祖纲. 精细化工技术进展与市场分析. 北京：化学工业出版社，2005.

［3］ 王尚弟，孙俊全. 催化剂工程导论. 北京：化学工业出版社，2001.

［4］ 张继光主编. 催化剂制备过程技术. 北京：中国石化出版社，2004.

［5］ 金杏妹编著. 工业应用催化剂. 上海：华东理工大学出版社，2004.

［6］ 黄仲涛，耿建铭编著. 工业催化. 第2版. 北京：化学工业出版社，2006.

［7］ 许越主编. 催化剂设计与制备工艺. 北京：化学工业出版社，2003.

［8］ 王桂茹主编. 催化剂与催化作用. 第2版. 大连：大连理工大学出版社，2004.

［9］ 汪多仁主编. 催化剂化学品生产新技术. 北京：科学技术文献出版社，2004.

［10］ 辛勤主编. 固体催化剂研究方法. 北京：北京科学技术出版社，2004.

［11］ 孙锦宜，林西平编著. 环保催化材料与应用. 北京：化学工业出版社，2002.

［12］ 黄仲涛主编. 工业催化剂手册. 北京：化学工业出版社，2004.

［13］ 朱洪法编著. 催化剂载体制备及应用技术. 北京：石油工业出版社，2002.

［14］ 储伟编著. 催化剂工程. 成都：四川大学出版社，2006.

［15］ 孙锦宜编著. 工业催化剂的失活与再生. 北京：化学工业出版社，2006.

［16］ 廖代伟编著. 催化科学导论. 北京：化学工业出版社，2006.